建筑安装工程施工工艺标准系列丛书

抹灰、吊顶、涂饰等装饰装修工程施工工艺

山西建设投资集团有限公司　组织编写

张太清　霍瑞琴　主编

中国建筑工业出版社

图书在版编目(CIP)数据

抹灰、吊顶、涂饰等装饰装修工程施工工艺/山西
建设投资集团有限公司组织编写. —北京：中国建
筑工业出版社，2018.12（2020.11重印）
（建筑安装工程施工工艺标准系列丛书）
ISBN 978-7-112-22893-5

Ⅰ.①抹… Ⅱ.①山… Ⅲ.①建筑装饰-工程施工
Ⅳ.①TU767

中国版本图书馆 CIP 数据核字(2018)第 249748 号

本书是《建筑安装工程施工工艺标准系列丛书》之一。该标准经广泛调查研究，认真总结工程实践经验，参考有关国家、行业及地方标准规范编写而成。

该书编制过程中主要参考了《建筑工程施工质量验收统一标准》GB 50300—2013、《建筑装饰装修工程质量验收标准》GB 50210—2018 等标准规范。每项标准按引用标准、术语、施工准备、操作工艺、质量标准、成品保护、注意事项、质量记录八个方面进行编写。

本书可作为建筑装饰装修工程施工生产操作的技术依据，也可作为编制施工方案和技术交底的蓝本。在实施工艺标准过程中，若国家标准或行业标准有更新版本时，应按国家或行业现行标准执行。

责任编辑：万　李　张　磊
责任校对：王　瑞

建筑安装工程施工工艺标准系列丛书
抹灰、吊顶、涂饰等装饰装修工程施工工艺
山西建设投资集团有限公司　组织编写
张太清　霍瑞琴　主编
＊
中国建筑工业出版社出版、发行（北京海淀三里河路 9 号）
各地新华书店、建筑书店经销
北京科地亚盟排版公司制版
北京建筑工业印刷厂印刷
＊
开本：787×960 毫米　1/16　印张：13¼　字数：261 千字
2019 年 2 月第一版　2020 年 11 月第三次印刷
定价：**60.00** 元
ISBN 978 - 7 - 112 - 22893 - 5
（32996）

发 布 令

为进一步提高山西建设投资集团有限公司的施工技术水平，保证工程质量和安全，规范施工工艺，由集团公司统一策划组织，系统内所有骨干企业共同参与编制，形成了新版《建筑安装工程施工工艺标准》（简称"施工工艺标准"）。

本施工工艺标准是集团公司各企业施工过程中操作工艺的高度凝练，也是多年来施工技术经验的总结和升华，更是集团实现"强基固本，精益求精"管理理念的重要举措。

本施工工艺标准经集团科技专家委员会专家审查通过，现予以发布，自2019年1月1日起执行，集团公司所有工程施工工艺均应严格执行本"施工工艺标准"。

山西建设投资集团有限公司

党委书记：

董事长：

2018 年 8 月 1 日

序

　　企业技术标准是企业发展的源泉，也是企业生产、经营、管理的技术依据。随着国家标准体系改革步伐日益加快，企业技术标准在市场竞争中会发挥越来越重要的作用，并将成为其进入市场参与竞争的通行证。

　　山西建设投资集团有限公司前身为山西建筑工程（集团）总公司，2017年经改制后更名为山西建设投资集团有限公司。集团公司自成立以来，十分重视企业标准化工作。20世纪70年代就曾编制了《建筑安装工程施工工艺标准》；2001年国家质量验收规范修订后，集团公司遵循"验评分离，强化验收，完善手段，过程控制"的十六字方针，于2004年编制出版了《建筑安装工程施工工艺标准》（土建、安装分册）；2007年组织修订出版了《地基与基础工程施工工艺标准》、《主体结构工程施工工艺标准》、《建筑装饰装修施工工艺标准》、《建筑屋面工程施工工艺标准》、《建筑电气工程施工工艺标准》、《通风与空调工程施工工艺标准》、《电梯与智能建筑工程施工工艺标准》、《建筑给水排水及采暖工程施工工艺标准》共8本标准。

　　为加强推动企业标准管理体系的实施和持续改进，充分发挥标准化工作在促进企业长远发展中的重要作用，集团公司在2004年版及2007年版的基础上，组织编制了新版的施工工艺标准，修订后的标准增加到18个分册，不仅增加了许多新的施工工艺，而且内容涵盖范围也更加广泛，不仅从多方面对企业施工活动做出了规范性指导，同时也是企业施工活动的重要依据和实施标准。

　　新版施工工艺标准是集团公司多年来实践经验的总结，凝结了若干代山西建投人的心血，是集团公司技术系统全体员工精心编制、认真总结的成果。在此，我代表集团公司对在本次编制过程中辛勤付出的编著者致以诚挚的谢意。本标准的出版，必将为集团工程标准化体系的建设起到重要推动作用。今后，我们要抓住契机，坚持不懈地开展技术标准体系研究。这既是企业提升管理水平和技术优势的重要载体，也是保证工程质量和安全的工具，更是提高企业经济效益和社会效益的手段。

　　在本标准编制过程中，得到了住建厅有关领导的大力支持，许多专家也对该标准进行了精心的审定，在此，对以上领导、专家以及编辑、出版人员所付出的辛勤劳动，表示衷心的感谢。

　　在实施本标准过程中，若有低于国家标准和行业标准之处，应按国家和行业现行标准规范执行。由于编者水平有限，本标准如有不妥之处，恳请大家提出宝贵意见，以便今后修订。

山西建设投资集团有限公司

总经理：

2018 年 8 月 1 日

前　言

本书是山西建设投资集团有限公司《建筑安装工程施工工艺标准》系列丛书之一。该标准经广泛调查研究，认真总结工程实践经验，参考有关国家、行业及地方标准规范，在2007版基础上经广泛征求意见修订而成。

该书编制过程中主要参考了《建筑工程施工质量验收统一标准》GB 50300—2013、《建筑装饰装修工程质量验收标准》GB 50210—2018等标准规范。每项标准按引用标准、术语、施工准备、操作工艺、质量标准、成品保护、注意事项、质量记录八个方面进行编写。

本标准修订的主要内容是：

1　抹灰中将墙面抹灰分为内墙面一般抹灰和外墙面一般抹灰；新增室内粉刷石膏、保温层薄抹灰、中空内模金属网内隔墙抹灰；将清水砖墙勾缝改为清水砌体勾缝。

2　吊顶工程原版按龙骨种类分类，新版按面层材质分类。吊顶中原分为木骨架顶棚安装、轻钢骨架罩面石膏板顶棚安装，现分为五部分：石膏板吊顶工程，矿棉板吊顶工程，金属板吊顶工程，木板、塑料板吊顶工程和格栅吊顶工程。

3　轻质隔墙新增活动隔墙、玻璃板隔墙、蒸压加气混凝土隔墙。

4　涂饰：

①　将木料表面混色调和漆涂饰、木料表面清漆涂饰、木料表面混色磁漆涂饰、木料表面丙烯酸清漆涂饰合并为木料表面溶剂型涂料涂饰。

②　将混凝土及抹灰表面乳胶漆涂饰、混凝土及抹灰表面彩色喷涂改为混凝土及抹灰表面涂料涂饰、混凝土及抹灰表面复层涂料涂饰。

③　将室内涂饰和室外涂饰合并为美术涂饰。

④　删除了木地板施涂清漆和打蜡。

5　裱糊、软包与细部新增软包、硬包工程、木质花饰安装、橱柜制作安装；将楼梯扶手安装改为护栏与扶手安装；将门窗套、木护墙安装改为木门窗套、木墙板安装。

6　取消了墙柱面水磨石。

本书可作为建筑装饰装修工程施工生产操作的技术依据，也可作为编制施工方案和技术交底的蓝本。在实施工艺标准过程中，若国家标准或行业标准有更新版本时，应按国家或行业现行标准执行。

　　本书在编制过程中，限于技术水平，有不妥之处，恳请提出宝贵意见，以便今后修订完善。随时可将意见反馈至山西建设投资集团公司技术中心（太原市新建路9号，邮政编码030002）。

目　　录

第1篇 抹　　灰

第1章　内墙面一般抹灰

本工艺标准适用于工业与民用建筑内墙面一般抹灰工程的施工。

1　引用标准

《住宅装饰装修工程施工规范》GB 50327—2001；

《建筑工程绿色施工规范》GB/T 50905—2014；

《机械喷涂抹灰施工规程》JGJ/T 105—2011；

《建筑工程施工质量验收统一标准》GB 50300—2013；

《建筑装饰装修工程成品保护技术标准》JGJ/T 427—2018；

《建筑装饰装修工程质量验收标准》GB 50210—2018；

《住宅室内装饰装修工程质量验收规范》JGJ/T 304—2013；

《民用建筑工程室内环境污染控制规范》GB 50325—2010（2013 年版）；

《预拌砂浆应用技术规程》JGJ/T 223—2010；

《抹灰砂浆技术规程》JGJ/T 220—2010。

2　术语（略）

3　施工准备

3.1　作业条件

3.1.1　结构工程全部完成，并经有关部门验收合格。

3.1.2　门窗框与墙体连接处的缝隙，应根据工程情况合理选用发泡剂和防水水泥砂浆结合填充。

3.1.3　砖、混凝土、加气混凝土墙体，表面的灰尘、污垢和油渍等应清理干净，并洒水湿润。

3.1.4　阳台栏杆、挂衣铁件、预埋铁件、管道等应提前安装好；墙面上的

1

线盒周边应提前堵塞严实；凸出墙面的混凝土已剔平，凹处采用1∶3水泥砂浆分层补平。

3.1.5　大面积施工前应先做样板，经检查合格，并确定施工方法。

3.1.6　施工时使用的脚手架应提前搭设好，架体应离开墙面及墙角200～250mm。

3.1.7　施工环境温度不应低于5℃。

3.2　材料及机具

3.2.1　水泥：宜采用同一生产批号且颜色一致的42.5级普通硅酸盐水泥或矿渣硅酸盐水泥。

3.2.2　砂：平均粒径为0.35～0.5mm的中砂，其颗粒应坚硬、洁净，不得含有黏土块、草根、树叶、碱质及有机物等有害物质，含泥量应符合规范规定。砂在使用前应根据使用需要过不同孔径的筛子，筛好备用。

3.2.3　磨细石灰粉：使用前用水浸泡使其充分熟化，熟化时间不应少于3d，并用孔径不大于3mm×3mm的筛网过滤。

3.2.4　石灰膏：应用块状生石灰淋制，并用孔径不大于3mm×3mm的筛网过滤，应贮存在沉淀池中充分熟化。熟化时间不应少于15d，用于罩面抹灰时不应少于30d，使用时石灰膏内不应含有未熟化颗粒和其他杂质。

3.2.5　胶粘剂：应按产品说明书使用。

3.2.6　机具：砂浆搅拌机、灰浆车、喷浆机、计量斗、筛子、手锤、钢丝刷、铁錾子、2.5m大杠、1.5m中杠、2m靠尺板、木折尺、方尺、托灰板、铁抹子、木抹子、小压子、塑料抹子、八字靠尺、5～7mm厚方口靠尺、阴阳角抹子、长毛刷、鸡腿刷、扫帚、喷壶、水桶等。

4　操作工艺

4.1　工艺流程

| 基层处理 | → | 吊垂直、套方、找规矩、抹灰饼 | → | 墙面冲筋 | → | 做护角 | → |

| 抹窗台 | → | 抹底灰 | → | 抹罩面灰 | → | 抹踢脚或墙裙 |

4.2　基层处理

4.2.1　将凸出的混凝土、舌头灰等剔平。

4.2.2　混凝土基层与加气混凝土砌体基层的所有墙面应拉毛，采用机械喷涂或笤帚均匀甩点，材料为1∶1水泥砂浆（或水泥浆）掺入一定量的胶粘剂（一般为20%的108胶），终凝后浇水养护，直至达到设计强度。

4.3 吊垂直、套方、找规矩、抹灰饼

4.3.1 根据设计要求，用一面墙做基准，对基层表面平整垂直情况，进行吊垂直、套方、找规矩，经检查合格后再确定抹灰厚度，抹灰厚度不宜小于5mm。当墙面凹度较大时，应分层衬平，每层厚度不应大于7～9mm。

4.3.2 抹灰饼时，应根据室内抹灰要求确定灰饼的正确位置，并应先抹上部灰饼，后抹下部灰饼，然后用靠尺板检查垂直与平整。灰饼宜用1∶3水泥砂浆抹成50mm方形。

4.4 墙面冲筋

当灰饼砂浆硬化后，用与抹灰层相同的砂浆冲筋。冲筋根数应根据房间的宽度和高度确定。当墙面高度小于3.5m时，宜做立筋，两筋间距不宜大于1.5m；墙面高度大于3.5m时，宜做横筋，两筋间距不宜大于2m。

4.5 做护角

4.5.1 室内墙面、柱面和门窗口的阳角，应做成1∶2水泥砂浆护角。当设计无要求时，宜做暗护角，其高度不应低于2m，每侧宽度不应小于50mm。当门口边宽度小于100mm时，宜在做水泥护角时一次完成。

4.5.2 抹完水泥砂浆后压实、压光，浇水养护2～3d。

4.6 抹窗台

先将窗台基层清理干净，用水浇透，然后用C15细石混凝土铺实，厚度不小于25mm。次日再刷掺入胶粘剂的水泥浆一道，然后抹1∶2.5水泥砂浆面层，压实、压光后浇水养护2～3d。

4.7 抹底灰

4.7.1 应在抹灰前一天用水将墙面浇透，一般情况下冲筋完成2h左右可开始抹底灰。

4.7.2 在混凝土基层上抹底灰时，采用1∶3水泥砂浆，厚度宜为5～7mm，底灰应充分与所冲筋抹平，用大杠刮平找直，用木抹子搓平搓毛。

4.7.3 在加气混凝土砌体基层上抹底灰时，采用1∶4水泥砂浆，厚度宜为5～7mm，底灰应充分与所冲筋抹平，用大杠刮平找直，用木抹子搓平搓毛。

4.7.4 在黏土砖砌体基层上抹底灰时，采用1∶3水泥砂浆，厚度宜为5～7mm，底灰应充分与所冲筋抹平，用大杠刮平找直，用木抹子搓平搓毛。

4.8 抹罩面灰

底灰六七成干时开始抹罩面灰，罩面灰采用1∶2.5水泥砂浆，抹灰时先薄薄地刮一道，使其与底灰抓牢，然后抹第二遍，用大杠刮平找直，用铁抹子压实压光；然后自检、清理，24h后喷水养护，时间不少于7d。

4.9 抹踢脚或墙裙

4.9.1 在混凝土及黏土砖墙基层上抹 1∶3 水泥砂浆底灰，用木抹子搓毛，面层用 1∶2.5 水泥砂浆压光。抹成后抹踢脚或墙裙应凸出墙面 6～7mm。

4.9.2 在加气混凝土砌体基层上抹 1∶4 水泥砂浆底灰，底灰六七成干时，用 1∶2.5 水泥砂浆抹罩面灰，上口应比着靠尺切割齐平，用阳角小抹子蘸水抹光、抹顺，然后自检、清理养护。

5 质量标准

5.1 主控项目

5.1.1 抹灰前基层表面的尘土、污垢和油渍等应清除干净，并应洒水润湿或进行界面处理。

5.1.2 所用材料的品种和性能应符合设计要求及国家现行标准的有关规定。水泥的凝结时间和安定性复验应合格。砂浆的配合比应符合设计要求。

5.1.3 抹灰工程应分层进行。当抹灰总厚度大于或等于 35mm 时，应采取加强措施。不同材料基体交接处表面的抹灰，应采取防止开裂的加强措施，当采用加强网时，加强网与各基体的搭接宽度不应小于 150mm。

5.1.4 抹灰层与基体之间及各抹灰层之间必须粘结牢固，抹灰层应无脱层、空鼓，面层无爆灰和裂缝等缺陷。

5.1.5 建筑装饰装修工程所用材料，应符合《民用建筑工程室内环境污染控制规范》GB 50325 的规定。

5.2 一般项目

5.2.1 一般抹灰工程的表面质量：普通抹灰表面应光滑、洁净、接槎平整，分格缝清晰。高级抹灰表面应光滑、洁净、颜色均匀、无抹纹，分格缝和灰线清晰美观。

5.2.2 护角、孔洞、槽、盒周围的抹灰表面应整齐、光滑，管道后面的抹灰表面应平整。

5.2.3 抹灰层的总厚度应符合设计要求；水泥砂浆不得抹在石灰砂浆层上；罩面石膏灰不得抹在水泥砂浆层上。

5.2.4 抹灰分格缝的设置应符合设计要求，宽度和深度应均匀，表面光滑，棱角整齐。

5.2.5 墙面一般抹灰工程质量的允许偏差应符合表 1-1 的规定。普通抹灰，表 1-1 的阴角方正可不检查。

墙面一般抹灰的允许偏差 表1-1

项目	允许偏差（mm）	
	普通抹灰	高级抹灰
立面垂直度	4	3
表面平整度	4	3
阴阳角方正	4	3
分格条（缝）直线度	4	3
墙裙上口直线度	4	3

6 成品保护

6.0.1 推小车时，应避免碰撞门框、墙面和墙角。

6.0.2 拆除脚手架时要轻拆轻放，不得碰撞墙面。

6.0.3 应保护好墙上已安装的配件、电线、开关盒等室内设施，被砂浆污染处应及时清理干净。

6.0.4 抹灰层凝结硬化前，应防止水冲、撞击、振动和挤压。

7 注意事项

7.1 应注意的质量问题

7.1.1 应严格控制抹灰砂浆配合比，宜用过筛中砂（含泥量＜5％），保证砂浆有良好的和易性和保水性。采用预拌砂浆时，应由设计单位明确强度及品种要求。

7.1.2 对混凝土、填充墙砌体基层抹灰时，应先清理基层，然后做甩浆结合层，将界面剂与水泥浆拌合，喷涂后抹底灰。

7.1.3 抹灰前墙面应浇水，浇水量应根据不同的墙体材料和气温分别控制，并检查基体抗裂措施实施情况。

7.1.4 抹灰面层严禁使用素水泥浆抹面。抹灰砂浆宜掺加聚丙烯抗裂纤维、碳纤维或耐碱玻璃纤维等纤维材料。必要时，可在基层抹灰和面层砂浆之间增加玻纤网。如墙面抹灰有施工缝时，各层之间施工缝应相互错开。

7.1.5 先做护角，后做大面，保证护角与大面接触处光滑、平整、无缝隙。

7.1.6 墙面抹灰应分层进行，抹灰总厚度超过35mm时，应采取加设钢丝网等抗裂措施。

7.1.7 不同基体材料交接处应采取钉钢丝网等抗裂措施。钢丝网片的网孔尺寸不应大于20mm×20mm，其钢丝直径不应小于1.2mm，应采用热镀锌焊钢丝网，并宜采用先成网后镀锌的热镀锌电焊网。钢丝网应用钢钉或射钉加铁片固

5

定，间距不大于 300mm。

7.1.8 消防箱、配电箱、水表箱、开关箱等预留洞背面的抹灰层应满挂钢丝网片。

7.1.9 抹灰前应做好吊垂直、套方正和贴饼冲筋等工序，保证抹灰表面平整、阴阳角方正、垂直通顺。

7.1.10 墙体抹灰完成后应及时喷水养护。

7.2 应注意的安全问题

7.2.1 室内抹灰使用的高凳应平稳牢固，脚手板跨度不得大于 2m。

7.2.2 脚手板不得少于两块，且不得留有探头板，其上最多不超过两人作业。

7.2.3 如在夜间或在阴暗房间作业，应用 36V 安全灯照明，照明线路应架空。

7.2.4 刮杠应顺着脚手板平放在上面，不得随便乱放。

7.2.5 推小车时，在过道拐弯及门口等处，应注意危险。

7.3 应注意的绿色施工问题

7.3.1 项目开工前，项目经理组织有关人员编制控制措施，纳入项目环境管理方案，确保满足相关法律法规要求。管理方案经项目经理批准后，应逐级传递到相关责任人员。

7.3.2 脚手架支设、拆除、搬运、修理噪声的控制：必须轻拿轻放，上下、左右有人传递；项目部必须在施工场界设立钢管修理房场所。修理时，禁止用大锤敲打；切割钢管时，及时在锯片上刷油，且锯片送速不能过快。

7.3.3 应修建沉淀池将搅拌砂浆产生的污水排入沉淀池内，再进行沉淀处理。

7.3.4 严把进货的外包装关，对散装或包装不严的粉状材料拒绝进场。对水泥等粉状材料进场后的二次搬运，防止人为造成水泥等粉状材料外包装的破损。

7.3.5 应注意施工时间，杜绝砂浆搅拌机的噪声扰民。

7.3.6 水泥库房应及时覆盖，易扬尘施工场所应洒水，保证现场扬尘排放达标。

7.3.7 落地砂浆应及时回收，回收时不得夹杂杂物，并应及时运至拌合地点，提高回收率。

8 质量记录

8.0.1 材料的出厂合格证、质量检验报告及复试报告。

8.0.2 隐蔽工程检查验收记录。

8.0.3 一般抹灰工程检验批质量验收记录。

8.0.4 其他技术文件

第 2 章　外墙面一般抹灰

本工艺标准适用于工业与民用建筑外墙面一般抹灰工程的施工。

1　引用标准

《住宅装饰装修工程施工规范》GB 50327—2001；

《建筑工程绿色施工规范》GB/T 50905—2014；

《机械喷涂抹灰施工规程》JGJ/T 105—2011；

《建筑工程施工质量验收统一标准》GB 50300—2013；

《建筑装饰装修工程成品保护技术标准》JGJ/T 427—2018；

《建筑装饰装修工程质量验收标准》GB 50210—2018；

《预拌砂浆应用技术规程》JGJ/T 223—2010；

《抹灰砂浆技术规程》JGJ/T 220—2010。

2　术语（略）

3　施工准备

3.1　作业条件

3.1.1　结构工程全部完成，并经有关部门验收合格。

3.1.2　门窗框与墙体连接处的缝隙，应根据工程情况合理选用发泡剂和防水水泥砂浆结合填充。

3.1.3　砖、混凝土、加气混凝土墙体，表面的灰尘、污垢和油渍等应清理干净，并洒水湿润。

3.1.4　预埋铁件、管道等应提前安装好；墙面上的线盒周边应提前堵塞严实；凸出墙面的混凝土已剔平，凹处采用 1:3 水泥砂浆分层补平。

3.1.5　大面积施工前应先做样板，经检查合格，并确定施工方法。

3.1.6　施工时使用的脚手架应提前搭设好，横竖杆应离开墙面及墙角 200～250mm；高处作业吊篮已检修调试合格。

3.1.7　施工环境温度不应低于 5℃。

3.2　材料及机具

3.2.1　水泥：宜采用同一生产批号且颜色一致的 42.5 级普通硅酸盐水泥或矿渣硅酸盐水泥。

3.2.2　砂：平均粒径为 0.35～0.5mm 的中砂，其颗粒应坚硬、洁净，不得含有黏土块、草根、树叶、碱质及有机物等有害物质，含泥量应符合规范规定。砂在使用前应根据使用需要过不同孔径的筛子，筛好备用。

3.2.3　胶粘剂：应按产品说明书使用。

3.2.4　机具：砂浆搅拌机、灰浆车、喷浆机、吊篮、计量斗、筛子、手锤、钢丝刷、铁錾子、2.5m 大杠、1.5m 中杠、2m 靠尺板、线坠、木折尺、方尺、托灰板、铁抹子、木抹子、小压子、塑料抹子、八字靠尺、5～7mm 厚方口靠尺、阴阳角抹子、长毛刷、鸡腿刷、扫帚、喷壶、水桶、分格条、滴水槽等。

4　操作工艺

4.1　工艺流程

$$\boxed{基层处理} \rightarrow \boxed{贴饼冲筋} \rightarrow \boxed{抹底灰} \rightarrow \boxed{弹线分格} \rightarrow \boxed{抹罩面灰}$$

4.2　基层处理

4.2.1　将凸出的混凝土、舌头灰等剔平。

4.2.2　混凝土基层与加气混凝土砌体基层的所有墙面应拉毛，采用机械喷涂或笤帚均匀甩点，材料为 1∶1 水泥砂浆（或水泥浆）掺入一定量的胶粘剂（一般为 20％的 108 胶），终凝后浇水养护，直至达到设计强度。

4.3　贴饼冲筋

4.3.1　依据基层表面平整度、垂直度的实测结果，确定灰饼的厚度。

4.3.2　操作时，先贴上部灰饼，后贴下部灰饼，下部灰饼依据上部灰饼吊垂直来确定，灰饼宜用 1∶3 水泥砂浆做成 50mm×50mm，水平距离宜为 1.2～1.5m，灰饼之间用 1∶3 水泥砂浆冲筋，宽度约为 50mm。

4.4　抹底灰

4.4.1　一般应在抹灰前一天用水将墙面浇透，一般情况下冲筋完成 2h 左右可开始抹底灰。

4.4.2　在混凝土基层上抹底灰时，采用 1∶3 水泥砂浆，厚度宜为 5～7mm，底灰应充分与所冲筋抹平，用大杠刮平找直，用木抹子搓平搓毛。

4.4.3　在加气混凝土砌体基层上抹底灰时，采用 1∶4 水泥砂浆，厚度宜为 5～7mm，底灰应充分与所冲筋抹平，用大杠刮平找直，用木抹子搓平搓毛。

4.4.4　在黏土砖砌体基层上抹底灰时，采用 1∶3 水泥砂浆，厚度宜为 5～

7mm，底灰应充分与所冲筋抹平，用大杠刮平找直，用木抹子搓平搓毛。

4.5 弹线分格

当底灰抹好后第二天，应在外墙大角及阳台等阳角处的两个面上，弹出垂直控制线；在突出外墙面的窗台、挑檐等水平腰线处，弹出水平控制线；在分格缝及滴水线等处，弹出控制线，并粘贴分格条及滴水槽。

4.6 抹罩面灰

4.6.1 一般用水泥砂浆抹罩面灰，底灰七八成干时开始抹罩面灰。

4.6.2 罩面灰采用 1∶2.5 水泥砂浆，抹灰时先薄薄地刮一道，使其与底灰抓牢，然后抹第二遍，用大杠刮平找直，用铁抹子压实压光，然后自检、清理，24h 后喷水养护，时间不少于 7d。

5 质量标准

5.1 主控项目

5.1.1 抹灰前基层表面的尘土、污垢和油渍等应清除干净，并应洒水润湿或进行界面处理。

5.1.2 所用材料的品种和性能应符合设计要求及国家现行标准的有关规定。水泥的凝结时间和安定性复验应合格。砂浆的配合比应符合设计要求。

5.1.3 抹灰工程应分层进行。当抹灰总厚度大于或等于 35mm 时，应采取加强措施。不同材料基体交接处表面的抹灰，应采取防止开裂的加强措施，当采用加强网时，加强网与各基体的搭接宽度不应小于 150mm。

5.1.4 抹灰层与基体之间及各抹灰层之间必须粘结牢固，抹灰层应无脱层、空鼓，面层无爆灰和裂缝等缺陷。

5.2 一般项目

5.2.1 一般抹灰工程的表面质量：普通抹灰表面应光滑、洁净、接槎平整，分格缝清晰。高级抹灰表面应光滑、洁净、颜色均匀，无抹纹，分格缝和灰线清晰美观。

5.2.2 孔洞周围的抹灰表面应整齐、光滑，管道后面的抹灰表面应平整。

5.2.3 抹灰层的总厚度应符合设计要求。水泥砂浆不得抹在石灰砂浆层上；罩面石膏灰不得抹在水泥砂浆层上。

5.2.4 抹灰分格缝的设置应符合设计要求，宽度和深度应均匀，表面应光滑，棱角应整齐。

5.2.5 有排水要求的部位应做滴水线（槽），滴水线（槽）应整齐顺直，滴水线应内高外低，滴水槽的宽度和深度均不应小于 10mm。

5.2.6 墙面一般抹灰工程质量的允许偏差应符合表 2-1 的规定。普通抹灰

9

的阴角方正可不检查。

墙面一般抹灰的允许偏差　　　　　　　　表 2-1

项目	允许偏差（mm）	
	普通抹灰	高级抹灰
立面垂直度	4	3
表面平整度	4	3
阴阳角方正	4	3
分格条（缝）直线度	4	3
勒脚上口直线度	4	3

6　成品保护

6.0.1　推小车时，应避免碰撞门框、墙面和墙角。

6.0.2　拆除脚手架时要轻拆轻放，不得碰撞墙面。

6.0.3　应保护好墙上已安装的配件等设施，被砂浆污染处应及时清理干净。

6.0.4　抹灰层凝结硬化前，应防止水冲、撞击、振动和挤压。

7　注意事项

7.1　应注意的质量问题

7.1.1　应严格控制抹灰砂浆配合比，宜用过筛中砂（含泥量＜5％），保证砂浆有良好的和易性和保水性。采用预拌砂浆时，应由设计单位明确强度及品种要求。

7.1.2　对混凝土、填充墙砌体基层抹灰时，应先清理基层，然后做甩浆结合层，将界面剂与水泥浆拌合，喷涂后抹底灰。

7.1.3　抹灰前墙面应浇水，浇水量应根据不同的墙体材料和气温分别控制，并检查基体抗裂措施实施情况。

7.1.4　抹灰面层严禁使用素水泥浆抹面。抹灰砂浆宜掺加聚丙烯抗裂纤维、碳纤维或耐碱玻璃纤维等纤维材料。必要时，可在基层抹灰和面层砂浆之间增加玻纤网。如墙面抹灰有施工缝时，各层之间施工缝应相互错开。

7.1.5　墙面抹灰应分层进行，抹灰总厚度超过 35mm 时，应采取加设钢丝网等抗裂措施。

7.1.6　不同基体材料交接处应采取钉钢丝网等抗裂措施。钢丝网片的网孔尺寸不应大于 20mm×20mm，其钢丝直径不应小于 1.2mm，应采用热镀锌焊钢丝网，并宜采用先成网后镀锌的热镀锌电焊网。钢丝网应用钢钉或射钉加铁片固定，间距不大于 300mm。

7.1.7　配电箱、水表箱、开关箱等预留洞背面的抹灰层应满挂钢丝网片。

7.1.8　抹灰前应做好吊垂直、套方正和贴饼冲筋等工序，保证抹灰表面平整、阴阳角方正、垂直通顺。

7.1.9　墙体抹灰完成后应及时喷水进行养护。

7.2　应注意的安全问题

7.2.1　抹灰使用的高凳应平稳牢固，脚手板跨度不得大于 2m。

7.2.2　脚手架搭设与吊篮安装完成经检查合格后方可使用。

7.2.3　脚手板不得少于两块，且不得留有探头板，其上最多不超过两人作业。

7.2.4　如在夜间作业，照明线路应架空。

7.2.5　刮杠应顺着脚手板平放在上面，不得随便乱放。

7.2.6　推小车时，在过道拐弯及门口等处，应注意勿挤手。

7.3　应注意的绿色施工问题

7.3.1　项目开工前，项目经理组织有关人员编制控制措施，纳入项目环境管理方案，确保满足相关法律法规要求。管理方案经项目经理批准后，应逐级传递到相关责任人员。

7.3.2　脚手架支设、拆除、搬运、修理噪声的控制：必须轻拿轻放，上下、左右有人传递；项目部必须在施工场界设立钢管修理房场所。修理时，禁止用大锤敲打；切割钢管时，及时在锯片上刷油，且锯片送速不能过快。

7.3.3　应修建沉淀池将搅拌砂浆产生的污水排入沉淀池内，再进行沉淀处理。

7.3.4　严把进货的外包装关，对散装或包装不严的粉状材料拒绝进场。对水泥等粉状材料进场后的二次搬运，防止人为造成水泥等粉状材料外包装的破损。

7.3.5　应注意施工时间，杜绝砂浆搅拌机的噪声扰民。

7.3.6　水泥库房应及时覆盖，易扬尘施工场所应洒水，保证现场扬尘排放达标。

7.3.7　落地砂浆应及时回收，回收时不得夹杂杂物，并应及时运至拌合地点，提高回收率。

8　质量记录

8.0.1　材料的出厂合格证、质量检验报告及复试报告。

8.0.2　隐蔽工程检查验收记录。

8.0.3　一般抹灰工程检验批质量验收记录。

8.0.4　其他技术文件。

第3章 顶棚一般抹灰

本工艺标准适用于工业与民用建筑顶棚一般抹灰工程的施工。

1 引用标准

《住宅装饰装修工程施工规范》GB 50327—2001；
《建筑工程绿色施工规范》GB/T 50905—2014；
《机械喷涂抹灰施工规程》JGJ/T 105—2011；
《建筑工程施工质量验收统一标准》GB 50300—2013；
《建筑装饰装修工程成品保护技术标准》JGJ/T 427—2018；
《建筑装饰装修工程质量验收标准》GB 50210—2018；
《住宅室内装饰装修工程质量验收规范》JGJ/T 304—2013；
《民用建筑工程室内环境污染控制规范》GB 50325—2010（2013 年版）；
《预拌砂浆应用技术规程》JGJ/T 223—2010；
《抹灰砂浆技术规程》JGJ/T 220—2010。

2 术语（略）

3 施工准备

3.1 作业条件

3.1.1 结构工程全部完成，并经有关部门验收合格。

3.1.2 在墙面或梁侧面已弹出水平标高控制线，连续梁底也已弹出由头到尾的通长墨线。

3.1.3 将混凝土板底表面凸出部分凿平，对蜂窝、麻面、露筋、漏振处应凿到实处，用 1∶2 水泥砂浆分层找平。将外露铅丝头等清除，用火碱将表面油渍清洗干净。

3.1.4 已按室内高度搭好操作脚手架，脚手架板顶距顶板底宜为 1.8m。

3.1.5 施工环境温度不应低于 5℃。

3.2 材料及机具

3.2.1 水泥：宜采用同一生产批号且颜色一致的 42.5 级普通硅酸盐水泥或

矿渣硅酸盐水泥。

3.2.2 砂：平均粒径为 0.35～0.5mm 的中砂，其颗粒应坚硬、洁净，不得含有黏土块、草根、树叶、碱质及有机物等有害物质，含泥量应符合规范规定。砂在使用前应根据使用需要过不同孔径的筛子，筛好备用。

3.2.3 胶粘剂：应按产品说明书使用。

3.2.4 机具：搅拌机、灰浆车、手提搅拌器、搅拌桶、计量斗、灰斗、刮尺、托灰板、铁抹子、木抹子、塑料抹子、阴阳角抹子、阴角切割器、素灰桶、锤子、铁錾子、钢丝刷、扫帚、墨线盒等。

4 操作工艺

4.1 工艺流程

$$\boxed{基层处理}\rightarrow\boxed{弹线找规矩}\rightarrow\boxed{抹底灰}\rightarrow\boxed{抹中层灰}\rightarrow\boxed{抹罩面灰}$$

4.2 基层处理

将凸出的混凝土剔除；光滑的混凝土板底应凿毛，或先用钢丝刷满刷一遍，然后在 1:1 水泥砂浆中掺入一定量的胶粘剂，再用扫帚均匀甩刷到板底上，终凝后养护，直至达到设计强度。

4.3 弹线找规矩

依据墙面上 0.5m 标高线，在顶板下 100mm 的四周墙面上弹线，作为顶棚抹灰的水平控制线；较大面积的楼盖或质量要求较高的顶棚，宜拉通线设置灰饼控制线。

4.4 抹底灰

4.4.1 抹灰前一天，板底混凝土应浇水湿润。抹灰时，先使用掺入胶粘剂的水泥浆刷一道，随刷随抹底灰。

4.4.2 底灰采用 1:3 水泥砂浆，厚度为 5mm，刮尺刮抹顺平，再用木抹子搓平搓毛。

4.5 抹中层灰

4.5.1 底灰抹完后，紧跟着抹中层灰。

4.5.2 中层灰用 1:3 水泥砂浆，厚度为 6mm，抹完后用刮尺刮抹顺平，再用木抹子搓平搓毛。

4.6 抹罩面灰

待底灰或中层灰六七成干时，抹罩面灰。罩面灰采用 1:2.5 水泥砂浆，厚度为 6mm。待罩面灰稍干，再用塑料抹子顺抹纹压实、压光。

5　质量标准

5.1　主控项目

5.1.1　抹灰前基层表面的尘土、污垢和油渍等应清除干净，并应洒水润湿或进行界面处理。

5.1.2　所用材料的品种和性能应符合设计要求及国家现行标准的有关规定。水泥的凝结时间和安定性复验应合格。砂浆的配合比应符合设计要求。

5.1.3　抹灰工程应分层进行。当抹灰总厚度大于或等于 35mm 时，应采取加强措施。

5.1.4　抹灰层与基体之间及各抹灰层之间必须粘结牢固，抹灰层应无脱层、空鼓，面层无爆灰和裂缝等缺陷。

5.1.5　建筑装饰装修工程所用材料，应符合《民用建筑工程室内环境污染控制规范》GB 50325 的规定。

5.2　一般项目

5.2.1　顶棚抹灰工程的表面质量应符合：普通抹灰表面应光滑、洁净，接槎平整，分格缝清晰。高级抹灰表面应光滑、洁净，颜色均匀，无抹纹，分格缝和灰线清晰美观。

5.2.2　孔洞、槽、盒周围的抹灰表面应整齐、光滑。

5.2.3　抹灰层的总厚度应符合设计要求；水泥砂浆不得抹在石灰砂浆层上；罩面石膏灰不得抹在水泥砂浆层上。

5.2.4　有排水要求的部位应做滴水线（槽）。滴水线（槽）应整齐顺直，滴水线应内高外低，滴水槽的宽度和深度均不应小于 10mm。

5.2.5　顶棚抹灰工程质量的允许偏差应符合表 3-1 的规定。

顶棚抹灰工程质量的允许偏差　　　　　　　　　　表 3-1

项目	允许偏差（mm）	
	普通抹灰	高级抹灰
表面平整度	4	3
阴阳角方正	4	3

注：1. 普通抹灰的阴角可不检查。
　　2. 顶棚抹灰的表面平整度可不检查，但应平顺。

6　成品保护

6.0.1　推小车或搬运料具时，应避开已抹好的阴阳角及墙面等处。

6.0.2 拆脚手架时应轻拆轻放，码放整齐，及时撤出。

6.0.3 保护好地面、地漏，禁止在地面上拌和砂浆或堆放砂浆。

6.0.4 应保护好顶棚上的线盒，不得将砂浆填入线盒内。

7 注意事项

7.1 应注意的质量问题

7.1.1 严格控制原材料质量，使用检验合格的粉刷石膏、水泥；砂宜选用中砂，其含泥量应符合规范；胶粘剂应按产品使用说明书使用。

7.1.2 操作时，严格控制砂浆配合比。

7.2 应注意的安全问题

7.2.1 室内抹灰使用的高凳应平稳牢固，脚手板跨度不得大于 2m。

7.2.2 脚手板不得少于两块，且不得留有探头板，其上最多不超过两人作业。

7.2.3 如在夜间或在阴暗房间作业，应用 36V 安全灯照明，照明线路应架空。

7.2.4 推小车时，在过道拐弯及门口等处，应注意勿挤手。

7.3 应注意的绿色施工问题

7.3.1 项目开工前，项目经理组织有关人员编制控制措施，纳入项目环境管理方案，确保满足相关法律法规要求。管理方案经项目经理批准后，应逐级传递到相关责任人员。

7.3.2 脚手架支设、拆除、搬运、修理噪声的控制：必须轻拿轻放，上下、左右有人传递；项目部必须在施工场界设立钢管修理房场所。修理时，禁止用大锤敲打；切割钢管时，及时在锯片上刷油，且锯片送速不能过快。

7.3.3 应修建沉淀池将搅拌砂浆产生的污水排入沉淀池内，再进行沉淀处理。

7.3.4 严把进货的外包装关，对散装或包装不严的粉状材料拒绝进场。对水泥等粉状材料进场后的二次搬运，防止人为造成水泥等粉状材料外包装的破损。

7.3.5 应注意施工时间，杜绝砂浆搅拌机的噪声扰民。

7.3.6 水泥库房应及时覆盖，易扬尘施工场所应洒水，保证现场扬尘排放达标。

7.3.7 落地砂浆应及时回收，回收时不得夹杂杂物，并应及时运至拌合地点，提高回收率。

8　质量记录

8.0.1　材料的出厂合格证、质量检验报告及复试报告。

8.0.2　隐蔽工程检查验收记录。

8.0.3　一般抹灰工程检验批质量验收记录。

8.0.4　其他技术文件。

第4章 室内粉刷石膏

本工艺标准适用于工业与民用建筑室内粉刷石膏工程的施工。

1 引用标准

《住宅装饰装修工程施工规范》GB 50327—2001；

《建筑工程绿色施工规范》GB/T 50905—2014；

《建筑工程施工质量验收统一标准》GB 50300—2013；

《建筑装饰装修工程成品保护技术标准》JGJ/T 427—2018；

《建筑装饰装修工程质量验收标准》GB 50210—2018；

《住宅室内装饰装修工程质量验收规范》JGJ/T 304—2013；

《民用建筑工程室内环境污染控制规范》GB 50325—2010（2013 年版）。

2 术语（略）

3 施工准备

3.1 作业条件

3.1.1 结构工程已完成，按设计要求隔板等预制构件已安装完毕，经验收合格。

3.1.2 抹灰前应检查门窗框的位置是否正确，与墙体连接是否牢固，埋设的接线盒、电箱、管线、管道等是否固定牢靠，连接处缝隙应用水泥砂浆或混合水泥砂浆分层嵌塞密实，若缝隙较大时，应使用细石混凝土将缝隙塞填密实。铝合金、塑钢等门窗框贴保护膜，其缝隙处理应按设计要求嵌填。

3.1.3 阳台栏杆、楼梯扶手及其他预埋件安装埋设完毕并验收合格。

3.1.4 室内抹灰前屋面防水宜提前完成。

3.1.5 根据室内高度和抹灰现场情况，提前准备好抹灰高凳或脚手架，脚手架应离墙面墙角 200～250mm，以便操作。

3.1.6 室内大面积施工前先做样板间，经有关质量部门鉴定合格后，方可组织大面积施工。

3.2 材料及机具

3.2.1 水泥：宜采用同一生产批号且颜色一致的 42.5 级普通硅酸盐水泥或

矿渣硅酸盐水泥。

3.2.2 砂：中砂，使用前过 5mm 孔径筛子，含泥量不超过 3％且不含杂质。

3.2.3 粉刷石膏：底层粉刷石膏浆料、面层粉刷石膏浆料、粘结石膏、耐水型粉刷石膏。

3.2.4 其他材料：玻璃纤维网格布、胶粘剂、耐水腻子。

3.2.5 机具：搅拌机、手提搅拌器、手推车、5mm 孔径的筛子、水桶、剪子、滚刷、靠尺、钢卷尺、方尺、金属水平尺、铁锹、托灰板、刮板、铁抹子、木抹子、阴阳角抹子、铁捋子、大杠、小杠、钢丝刷、扫帚、锤子、錾子等。

4 操作工艺

4.1 工艺流程

墙面清理 → 弹线、贴踢脚板 → 细部玻纤网布粘贴 → 抹粉刷石膏 →

做门窗护角等 → 粘贴玻纤网布 → 刮耐水腻子

4.2 墙面清理

4.2.1 将墙基体表面的灰尘、污垢和油渍等清理干净，凡凸出墙面的混凝土、砂浆块等都必须清除。

4.2.2 墙面清理后喷水润湿。对于加气混凝土墙面使用喷雾器反复均匀喷水，使墙面吸水达到 10mm 以上，但不得有明水。

4.3 弹线、贴踢脚板

4.3.1 依据楼层控制线和吊垂线，弹出抹灰控制线。

4.3.2 若采用预制踢脚板先使用胶粘剂将预制踢脚板按控制线满粘完毕。

4.4 细部玻纤网布粘贴

4.4.1 在预制隔板接缝处以及不同基层材料的连接处，应先用粘结石膏粘贴玻纤网布，基体两侧粘贴宽度均不应少于 100mm。

4.4.2 在门窗口阳角应粘贴一层玻纤网布，粘贴边宽度不少于 100mm。

4.4.3 在门窗口四角按 45°斜向加铺一层玻纤网布长 400mm，宽度不少于 200mm。

4.5 抹粉刷石膏

4.5.1 制备粉刷石膏浆料：底层和面层抹灰粉刷石膏料浆应分别拌制，均应保证在硬化前使用完毕，已凝结的料浆不可再次加水搅拌使用。

1 底层抹灰用粉刷石膏料浆拌制：在拌灰铁板上倒入底层用石膏粉，按标准稠度用水量的 1.1 倍～1.15 倍取所需水倒入石膏粉中，用铁锹在 3～5min 内拌均匀，静停 3～5min 后再次搅拌即可使用。

2　面层抹灰用粉刷石膏料浆拌制：按标准稠度用水量的 1.1～1.15 倍取所需水，将水放入搅拌桶，再倒入石膏粉，用手提搅拌器搅拌均匀，搅拌时间 2～5min，静置 10min 左右，再进行二次搅拌均匀后即可使用。

4.5.2　抹底层粉刷石膏：用托灰板盛底层抹灰料浆，用抹子由左往右、由上往下，按标筋厚度将料浆涂于墙上。然后用刮板由左往右刮去多余的料浆，补足凹进的部位（如工程量大，此项操作应单独安排另一人进行）。此工序在料浆初凝前可反复几遍，直至达到满意的墙面平整度。如底层抹灰总厚度超过 8mm 时，应分层抹；当此层总厚度超过 35mm 时，抹灰时应压入一层或数层绷紧的玻纤网布，待底层抹灰初凝时及时用木抹子搓毛。

4.5.3　抹面层粉刷石膏：底层抹灰终凝后可抹面层料浆，面层厚度一般为 1～3mm，面层料浆终凝前（抹灰后约 30min）可以进行面层压光。

4.6　做门窗护角等

4.6.1　门窗口护角及踢脚的水泥砂浆抹灰做法：先将混凝土基层表面毛化处理，然后用 1:2.5 水泥砂浆抹灰，压光时应注意把粉刷石膏抹灰层内甩出的玻纤网布，压入水泥砂浆面层内，阳角用铁挎子撸成小圆。

4.6.2　厨房、厕所等湿度较大的房间，要改用耐水型粉刷石膏抹面层，然后再粘瓷砖或刮两遍耐水腻子做耐水涂料。

4.7　粘贴玻纤网布

待粉刷石膏抹灰层干燥后，用胶粘剂粘贴绷紧的玻纤网布。

4.8　刮耐水腻子

待胶粘剂凝固硬化后，即可在玻纤网布上满刮两遍耐水腻子。

5　质量标准

5.1　主控项目

5.1.1　抹粉刷石膏前将基层表面的尘土、污垢、油渍等清除干净，洒水润湿。

5.1.2　抹粉刷石膏所用材料品种和性能应符合设计要求及国家现行标准的有关规定。

5.1.3　粉刷石膏抹灰应分层进行，当抹灰总厚度大于或等于 35mm 或不同材料基层抹灰时，应采取增加玻纤网布措施，加强玻纤网布与各基体的搭接宽度不少于 150mm。

5.1.4　粉刷石膏各抹灰层之间以及抹灰层与基层之间都必须粘结牢固，无脱层、空鼓，面层应无爆灰和裂缝。

5.2 一般项目

5.2.1 粉刷石膏抹灰表面质量：普通抹灰应表面光滑、洁净、接槎平整，分格缝清晰；高级抹灰应表面光滑、洁净、颜色均匀、无抹纹，分格缝和灰线清晰美观。

5.2.2 护角、孔洞、槽、盒周围的抹灰表面应整齐、光滑；管道后面的抹灰表面应平整。

5.2.3 抹灰层的总厚度应符合设计要求。罩面石膏灰不得抹在水泥砂浆层上。

5.2.4 分格缝的设置应符合设计要求，分格条（缝）宽度和深度均匀，平整光滑，棱角整齐，横平竖直。

5.2.5 粉刷石膏抹灰允许偏差应符合表 4-1 的规定。

粉刷石膏抹灰允许偏差　　　　　　　　表 4-1

项目	允许偏差（mm）	
	普通抹灰	高级抹灰
立面垂直度	4	3
表面平整度	4	3
阴阳角方正	4	3
分格条（缝）直线度	4	3

注：1. 普通抹灰的阴角可不检查。
　　2. 顶棚抹灰的表面平整度可不检查，但应平顺。

6 成品保护

6.0.1 粉刷石膏抹灰前把门窗框与墙连接处的缝隙分层嵌塞密实，铝合金塑钢等门窗框贴好保护膜。

6.0.2 推车、搬运东西或搭拆脚手架时要注意不要碰坏墙面和口角。抹灰用的大杠、铁锹把不要靠放墙上，不要蹬踩窗台，防止损坏楞角。

6.0.3 翻拆架子时要小心，防止损坏已抹好墙面；防止因工序穿插造成的污染和损坏抹灰层。

6.0.4 抹灰层凝固硬化前，要防止快干、水冲、撞击振动和挤压，保证抹灰层强度增长。

6.0.5 严禁在地面上拌浆料及直接在地面上堆放浆料。

7 注意事项

7.1 应注意的质量问题

7.1.1 粉刷石膏在运输和储藏过程中要防止受潮，如使用中发现少量结块现象应过筛。

7.1.2 粉刷石膏料浆应按配合比投料，料浆中不得加入外加剂，如果必须添加，应先进行试验。料浆应在初凝前使用完，已初凝的料浆不得加水再使用。

7.1.3 为防止粉刷石膏一次抹的过厚，抹灰应分层进行，当抹灰总厚度超过35mm或与不同材料抹灰交接时，应采取增加玻纤网布等防裂措施，确保粉刷石膏各抹灰层之间以及抹灰层与基层之间粘结牢固，无脱层和空鼓裂缝。

7.1.4 注意水泥墙裙和踢脚等上口处墙厚度不一致，以及上口毛刺和口角不方正的问题。操作时应认真，按工艺要求吊垂直、拉线、找直找方，对上口处理应待大面积完成后，及时返尺将上口找平压光并撺成小圆角。

7.1.5 防止面层接槎不平：槎子甩的不规矩，留槎不平，接槎时就很难找平，故每一工序都应认真按工艺要求操作。

7.2 应注意的安全问题

7.2.1 室内抹灰使用的高凳应平稳牢固，脚手板跨度不得大于2m。

7.2.2 脚手板不得少于两块，且不得留有探头板，其上最多不超过两人作业。

7.2.3 如在夜间或在阴暗房间作业，应用36V安全灯照明，照明线路应架空。

7.2.4 推小车时，在过道拐弯及门口等处，应注意勿挤手。

7.3 应注意的绿色施工问题

7.3.1 项目开工前，项目经理组织有关人员编制控制措施，纳入项目环境管理方案，确保满足相关法律法规要求。管理方案经项目经理批准后，应逐级传递到相关责任人员。

7.3.2 脚手架支设、拆除、搬运、修理噪声的控制：必须轻拿轻放，上下、左右有人传递；项目部必须在施工场界设立钢管修理房场所。修理时，禁止用大锤敲打；切割钢管时，及时在锯片上刷油，且锯片送速不能过快。

7.3.3 严把进货的外包装关，对散装或包装不严的粉状材料拒绝进场。对水泥等粉状材料进场后的二次搬运中，防止人为造成水泥等粉状材料外包装的破损。

8 质量记录

8.0.1 材料的出厂合格证、质量检验报告及复试报告。

8.0.2 隐蔽工程检查验收记录。

8.0.3 一般抹灰工程检验批质量验收记录。

8.0.4 其他技术文件。

第5章　墙面水刷石

本工艺标准适用于工业与民用建筑墙面水刷石工程的施工。

1　引用标准

《住宅装饰装修工程施工规范》GB 50327—2001；

《建筑工程绿色施工规范》GB/T 50905—2014；

《机械喷涂抹灰施工规程》JGJ/T 105—2011；

《建筑工程施工质量验收统一标准》GB 50300—2013；

《建筑装饰装修工程成品保护技术标准》JGJ/T 427—2018；

《建筑装饰装修工程质量验收标准》GB 50210—2018；

《预拌砂浆应用技术规程》JGJ/T 223—2010；

《抹灰砂浆技术规程》JGJ/T 220—2010。

2　术语（略）

3　施工准备

3.1　作业条件

3.1.1　结构工程全部完成，并经有关部门验收合格。

3.1.2　预留孔洞、预埋件及排水管等处理完毕；门窗框与墙体间的缝隙用1：1水泥砂浆加适量纤维堵严。

3.1.3　墙面杂物清理干净，去高补低，弥补缺陷，堵严架眼，清扫墙面；落水管安装完毕，变形缝处理妥当。

3.1.4　样板墙已验收合格，确定配合比和施工工艺。

3.1.5　外脚手架搭设牢固或吊篮已准备好，并验收合格，高处作业吊篮已检修调试合格。

3.1.6　施工环境温度不应低于5℃。

3.2　材料及机具

3.2.1　水泥：采用强度等级不低于42.5级的普通硅酸盐水泥或矿渣硅酸盐水泥。在同一墙面上，应使用同一品种、同一级别、同一批号的水泥。

3.2.2 砂：中砂，含泥量不超过 3％，使用前过 5mm 孔径的筛子。

3.2.3 石渣：颗粒坚硬，不含黏土、软片、碱质及其他有机物等有害物质。当设计无要求时，宜选用同一品种、同一颜色的中八厘或小八厘。石渣用前应洗净晾干，分类遮盖堆放。

3.2.4 胶粘剂：应按产品说明书使用。

3.2.5 机具：灰浆车、喷浆泵、吊篮、铁抹子、托灰板、软长毛刷、钢丝刷、扁油刷、水桶、素灰桶、喷壶、喷雾器、铁錾子、手锤、扫帚、粉线包、窗纱筛子、刮杠、八字靠尺板、分格条、滴水槽等。

4　操作工艺

4.1　工艺流程

基层处理 → 贴饼冲筋 → 抹底灰 → 弹线分格 → 抹石渣浆面层 → 修整喷刷养护

4.2　基层处理

4.2.1 将凸出的混凝土、舌头灰等剔平；混凝土基层与加气混凝土砌体基层的所有墙面应作毛化处理。

4.2.2 采用机械喷涂或笤帚均匀甩点，材料为 1∶1 水泥砂浆（或水泥浆）掺入一定量的胶粘剂（一般为 20％的 108 胶），终凝后浇水养护，直至达到设计强度。

4.3　贴饼冲筋

4.3.1 依据基层表面平整度、垂直度的实测结果，确定灰饼的厚度。

4.3.2 灰饼用 1∶3 水泥砂浆做成 50mm×50mm，水平距离宜为 1.2～1.5m，灰饼之间用 1∶3 水泥砂浆冲筋，宽度约为 50mm。

4.4　抹底灰

4.4.1 应在抹灰前一天用水将墙面浇透，一般情况下冲筋完成 2h 左右可开始抹底灰。

4.4.2 在混凝土和黏土砖砌体基层上抹底灰时，采用 1∶3 水泥砂浆，厚度宜为 8～12mm，底灰应充分与所冲筋抹平，用大杠刮平找直，用木抹子搓平搓毛。

4.4.3 在加气混凝土砌体基层上抹底灰时，采用 1∶4 水泥砂浆，厚度宜为 8～12mm，底灰应充分与所冲筋抹平，用大杠刮平找直，用木抹子搓平搓毛。

4.5　弹线分格

4.5.1 底灰抹好后第二天，应在外墙大角及阳台等阳角处的两个面上，弹出垂直控制线。

4.5.2 在突出外墙面的窗台、挑檐等水平腰线处，弹出水平控制线。

4.5.3 在分格缝及滴水线等处弹出控制线，并粘贴塑料分格条及滴水槽。

4.6 抹石渣浆面层

待底层灰六七成干时，先刮一道掺入胶粘剂的水泥浆，然后抹1∶1.5水泥石渣浆，墙面石子规格为中八厘，线角用小八厘，从下向上分两遍与分格条抹平，随即检查平整度，并及时修补、压实、压平，将露出的石子尖棱轻轻拍平。水泥石渣浆的厚度应比分格条高1mm，一般为8mm厚。

4.7 修整喷刷养护

4.7.1 待水泥石渣浆面层无水光时，先用铁抹子压一遍，将小孔洞压实、挤严，然后用软毛刷蘸水刷去表面浮浆，并用抹子轻轻拍平石子。

4.7.2 待面层用手指按无痕、刷子刷石不掉时，方可喷刷。喷刷时，一人用刷子蘸水刷去水泥浆，一人用喷雾器从上向下喷水冲洗，喷头一般距墙面100～200mm，喷刷要均匀，以石子露出表面1～2mm为宜，并将被污染的分格条、滴水槽冲刷干净。待面层达到终凝后可喷水养护。

5 质量标准

5.1 主控项目

5.1.1 抹灰前基层表面的尘土、污垢、油渍等应清理干净，并洒水湿润或进行界面处理。

5.1.2 墙面水刷石所用材料的品种和性能应符合设计要求及国家现行标准的有关规定，水刷石的配合比应符合设计要求。

5.1.3 水刷石应分层进行，当水刷石总厚度大于或等于35mm时，应采取加强措施。不同材料基体交接处表面的抹灰，应采取防止开裂的加强措施；当采用加强网时，加强网与基体的搭接宽度不应小于150mm。

5.1.4 各抹灰层之间及抹灰层与基体之间必须粘结牢固，无脱层、空鼓和裂缝等缺陷。

5.2 一般项目

5.2.1 水刷石表面应石粒清晰，分布均匀，紧密平整，色泽一致，无掉粒和接槎痕迹。

5.2.2 水刷石分格条（缝）的设置应符合设计要求，宽度和深度均匀，表面平整光滑，棱角整齐。

5.2.3 有排水要求的部位应做滴水线（槽），滴水线（槽）应整齐顺直，滴水线应内高外低，滴水槽的宽度和深度均不应小于10mm。

5.2.4 水刷石工程质量的允许偏差应符合表5-1的规定。

水刷石工程质量的允许偏差　　　　　　　　　　　表 5-1

项目	允许偏差（mm）
立面垂直度	5
表面平整度	3
阳角方正	3
分格条（缝）直线度	3
墙裙、勒脚上口直线度	3

6　成品保护

6.0.1　粘在门窗框及墙面上的砂浆，应及时清扫并冲洗干净；门窗应及时粘好保护膜，以防污染。

6.0.2　喷刷时应用塑料薄膜覆盖好已做好的墙面，以防污染。

6.0.3　首层进口在水刷石完成后，应立即加护板，以免撞坏。

6.0.4　搭拆架子时，应轻拿轻放，以免碰损门窗玻璃及水刷石墙面。

7　注意事项

7.1　应注意的质量问题

7.1.1　门窗碹脸、窗台、阳台、雨篷等部位的刷石应先做小面、后做大面，以保证大面清洁美观。

7.1.2　接槎应设在分格缝处，不得设在块中或落水管背后。

7.1.3　如大面积墙面刷石无法当天完成，在继续施工喷刷新活前，应将前天施工的刷石用水淋透，以便清洗掉喷溅的水泥浆。

7.1.4　抹底灰时，层与层之间不得跟得太紧，也不得一次抹得过厚，应用木抹子搓平搓毛，以防空裂。

7.1.5　严把配比质量关，专人统一配比，以免级配不均匀，出现颜色不一致的现象。

7.1.6　不同基体材料交接处应采取钉钢丝网等抗裂措施。钢丝网片的网孔尺寸不应大于 20mm×20mm，其钢丝直径不应小于 1.2mm，应采用热镀锌焊钢丝网，并宜采用先成网后镀锌的热镀锌电焊网。钢丝网应用钢钉或射钉加铁片固定，间距不大于 300mm。

7.1.7　配电箱、水表箱、开关箱等预留洞背面的抹灰层应满挂钢丝网片。

7.2　应注意的安全问题

7.2.1　操作前应对脚手架进行全面检查，发现隐患应及时排除后方可上人操作。

7.2.2　脚手架上的工具、材料应分散放稳,严禁超过限制荷载。

7.2.3　六级风以上时,不得进行高层水刷石作业。

7.2.4　进入施工现场必须戴安全帽;在脚手架上操作人员,严禁打闹或甩抛物体。

7.2.5　靠近交通通道处必须搭设硬防护,确保行人安全。

7.2.6　垂直运输设备必须设有安全装置,吊篮停稳后方可上人装卸料。

7.3　应注意的绿色施工问题

7.3.1　项目开工前,项目经理组织有关人员编制控制措施,纳入项目环境管理方案,确保满足相关法律法规要求。管理方案经项目经理批准后,应逐级传递到相关责任人员。

7.3.2　脚手架支设、拆除、搬运、修理噪声的控制:必须轻拿轻放,上下、左右有人传递;项目部必须在施工场界设立钢管修理房场所。修理时,禁止用大锤敲打;切割钢管时,及时在锯片上刷油,且锯片送速不能过快。

7.3.3　应修建沉淀池,将搅拌砂浆产生的污水排入沉淀池内,再进行沉淀处理。

7.3.4　严把进货的外包装关,对散装或包装不严的粉状材料拒绝进场。对水泥等粉状材料进场后的二次搬运中,防止人为造成水泥等粉状材料外包装的破损。

7.3.5　应注意施工时间,杜绝砂浆搅拌机的噪声扰民。

7.3.6　水泥库房应及时覆盖,易扬尘施工场所应洒水,保证现场扬尘排放达标。

7.3.7　落地砂浆应及时回收,回收时不得夹杂杂物,并应及时运至拌合地点,提高回收率。

8　质量记录

8.0.1　材料的出厂合格证、质量检验报告及复试报告。

8.0.2　隐蔽工程检查验收记录。

8.0.3　装饰抹灰工程检验批质量验收记录。

8.0.4　其他技术文件。

第6章 墙面干粘石

本工艺标准适用于工业与民用建筑墙面干粘石工程的施工。

1 引用标准

《住宅装饰装修工程施工规范》GB 50327—2001；
《建筑工程绿色施工规范》GB/T 50905—2014；
《机械喷涂抹灰施工规程》JGJ/T 105—2011；
《建筑工程施工质量验收统一标准》GB 50300—2013；
《建筑装饰装修工程成品保护技术标准》JGJ/T 427—2018；
《建筑装饰装修工程质量验收标准》GB 50210—2018；
《预拌砂浆应用技术规程》JGJ/T 223—2010；
《抹灰砂浆技术规程》JGJ/T 220—2010。

2 术语（略）

3 施工准备

3.1 作业条件

3.1.1 结构工程全部完成，并经有关部门验收合格。

3.1.2 墙面基层清理干净，架眼堵好，缺陷补齐，浇水湿润。

3.1.3 门窗口、预留洞口及排水管等应处理完，门窗口与墙体间的缝隙用1∶1水泥砂浆加适量纤维堵严。

3.1.4 高处作业吊篮已检修调试合格。

3.1.5 施工环境温度不应低于5℃。

3.2 材料及机具

3.2.1 水泥：采用强度等级不低于42.5级的普通硅酸盐水泥或矿渣硅酸盐水泥。在同一墙面上，应使用同一品种、同一级别、同一批号的水泥。

3.2.2 砂：中砂，含泥量不超过3%，使用前过5mm孔径的筛子。

3.2.3 石渣：应选择色泽一致、颗粒均匀、质地坚硬的大理石或花岗岩石渣。手工干粘石宜采用小八厘，粒径约为6mm。堆放时应按颜色、规格分类堆放，使用前应经过筛选、洗净、晾干，上面用帆布盖好。

3.2.4 胶粘剂：应按产品说明书使用。

3.2.5 机具：砂浆搅拌机、喷浆泵、吊篮、铁抹子、木抹子、塑料抹子、大杠、小杠、分格条、滴水槽、钉窗纱托盘、木拍子、油印胶辊、喷壶、软毛刷、钢丝刷、铁錾子、手锤、扫帚等。当采用机喷时，还需备有空压机、喷枪和胶管等。

4 操作工艺

4.1 工艺流程

基层处理 → 贴饼冲筋 → 抹底灰 → 弹线分格 → 抹粘结砂浆 → 甩（喷）石渣 → 拍平修整养护

4.2 基层处理

4.2.1 将凸出的混凝土、舌头灰等剔平；混凝土基层与加气混凝土砌体基层的所有墙面应搓毛。

4.2.2 采用机械喷涂或笤帚均匀甩点，材料为 1∶1 水泥砂浆（或水泥浆）掺入一定量的胶粘剂（一般为 20% 的 108 胶），终凝后浇水养护，直至达到设计强度。

4.3 贴饼冲筋

4.3.1 依据基层表面平整度、垂直度的实测结果，确定灰饼的厚度。

4.3.2 操作时，先贴上部灰饼，后贴下部灰饼，下部灰饼依据上部灰饼吊垂直来确定，灰饼宜用 1∶3 水泥砂浆做成 50mm×50mm，水平距离宜为 1.2～1.5m，灰饼之间用 1∶3 水泥砂浆冲筋，宽度约为 50mm。

4.4 抹底灰

4.4.1 应在抹灰前一天用水将墙面浇透，一般情况下冲筋完成 2h 左右可开始抹底灰。

4.4.2 在混凝土和黏土砖砌体基层上抹底灰时，采用 1∶3 水泥砂浆，厚度宜为 5～7mm，底灰应充分与所冲筋抹平，用大杠刮平找直，用木抹子搓平搓毛。

4.4.3 在加气混凝土砌体基层上抹底灰时，采用 1∶4 水泥砂浆，厚度宜为 5～7mm，底灰应充分与所冲筋抹平，用大杠刮平找直，用木抹子搓平搓毛。终凝后浇水养护。

4.5 弹线分格

4.5.1 底灰抹好后第二天，应在外墙大角及阳台等阳角处的两个面上，弹出垂直控制线。

4.5.2　在突出外墙面的窗台、挑檐等水平腰线处，弹出水平控制线。

4.5.3　在分格缝及滴水线等处，弹出控制线，并粘贴塑料分格条及滴水槽。

4.6　抹粘结砂浆

粘结层砂浆采用掺入一定量胶粘剂的 1：2.5 水泥砂浆。厚度根据石渣粒径确定，一般手工干粘石为 4～6mm，机喷干粘石为 3mm。

4.7　甩（喷）石渣

4.7.1　一手拿内装石渣的托盘，一手拿木拍子铲上石渣往粘结层上甩，要求甩均匀，用量约为 8～12kg/m²。一般在甩石渣 1～2min 后，用油印胶辊滚压，并用抹子拍实拍平，将石渣粒径的 2/3 压入灰中，粘结牢固并不露浆。

4.7.2　待其水分稍蒸发后，用木抹子沿垂直方向从下向上溜一遍，以消除拍石时出现的抹痕。

4.7.3　大面积干粘石墙面可采用机喷法施工，喷石后应及时用橡胶辊子滚压，将石渣压入粘结层 2/3，使其粘结牢固。

4.8　拍平修整养护

4.8.1　甩（喷）完石渣后应及时检查有无未粘结或石粒不密实的地方，如有应及时修补，使石渣粘结密实、均匀。如灰层有坠裂现象，应在灰层终凝前甩水将裂缝压实。

4.8.2　常温施工干粘石 24h 后，即可用喷壶洒水养护，养护期不少于 2～3d。

5　质量标准

5.1　主控项目

5.1.1　抹灰前基层表面的尘土、污垢、油渍等应清理干净，并洒水湿润或进行界面处理。

5.1.2　墙面干粘石所用材料的品种和性能应符合设计要求及国家现行标准的有关规定，干粘石的配合比应符合设计要求。

5.1.3　干粘石应分层进行，当干粘石总厚度大于或等于 35mm 时，应采取加强措施。不同材料基体交接处表面的抹灰，应采取防止开裂的加强措施，当采用加强网时，加强网与基体的搭接宽度不应小于 150mm。

5.1.4　各抹灰层之间、抹灰层与基体之间必须粘结牢固，无脱层、空鼓和裂缝等缺陷。

5.2　一般项目

5.2.1　干粘石表面应色泽一致，不露浆，不漏粘；石粒应粘结牢固，分布均匀，阳角处应无明显黑边。

5.2.2 干粘石分格条（缝）的设置应符合设计要求，宽度和深度均匀，表面平整光滑，棱角整齐。

5.2.3 有排水要求的部位应做滴水线（槽），滴水线（槽）应整齐顺直，滴水线应内高外低，滴水槽的宽度和深度均不应小于10mm。

5.2.4 干粘石工程质量的允许偏差应符合表6-1的规定。

干粘石工程质量的允许偏差 表6-1

项目	允许偏差（mm）
立面垂直度	5
表面平整度	5
阳角方正	4
分格条（缝）直线度	3

6 成品保护

6.0.1 粘在门窗框及墙面上的砂浆应及时清扫干净；门窗应保护好，免受污染。

6.0.2 搭拆架子时，应轻拿轻放，不得碰损门窗及已完工的墙面。

6.0.3 刷浆时，严禁踩蹬干粘石面层及棱角。

6.0.4 刷浆油漆时，应对干粘石墙面进行防护，以免污染。

7 注意事项

7.1 应注意的质量问题

7.1.1 注意掌握好底灰和中层灰的厚度、平整度，以免干粘石层开裂、下坠。

7.1.2 阳角处采用八字靠尺，以免阳角处出现黑边。

7.1.3 应掌握好往粘结层上甩石子的时间，以免灰干得太快；甩（喷）粘石后以拍不动或石子浮动、手摸即掉为宜。

7.1.4 在底灰上浇水时不得饱和，粘结层砂浆不得太稀，以免造成坠裂。

7.1.5 基层应认真清理干净；抹灰层不得太厚，各层之间应有大杠刮顺，木抹子搓平搓毛，以免空鼓开裂。

7.1.6 不同基体材料交接处应采取钉钢丝网等抗裂措施。钢丝网片的网孔尺寸不应大于20mm×20mm，其钢丝直径不应小于1.2mm，应采用热镀锌焊钢丝网，并宜采用先成网后镀锌的热镀锌电焊网。钢丝网应用钢钉或射钉加铁片固定，间距不大于300mm。

7.1.7 配电箱、水表箱、开关箱等预留洞背面的抹灰层应满挂钢丝网片。

7.2　应注意的安全问题

7.2.1 操作前应对脚手架进行全面检查，发现隐患应及时排除后方可上人操作。

7.2.2 脚手架上的工具、材料应分散放稳，严禁超过限制荷载。

7.2.3 六级风以上时，不得进行高层干粘石作业。

7.2.4 进入施工现场必须戴安全帽；在脚手架上操作的人员，严禁打闹或甩抛物体。

7.2.5 靠近交通通道处必须搭设硬防护，确保行人安全。

7.2.6 垂直运输设备必须设有安全装置，吊篮停稳后方可上人装卸料。

7.3　应注意的绿色施工问题

7.3.1 项目开工前，项目经理组织有关人员编制控制措施，纳入项目环境管理方案，确保满足相关法律法规要求。管理方案经项目经理批准后，应逐级传递到相关责任人员。

7.3.2 脚手架支设、拆除、搬运、修理噪声的控制：必须轻拿轻放，上下、左右有人传递；项目部必须在施工场界设立钢管修理场所。修理时，禁止用大锤敲打；切割钢管时，及时在锯片上刷油，且锯片送速不能过快。

7.3.3 应修建沉淀池，将搅拌砂浆产生的污水排入沉淀池内，再进行沉淀处理。

7.3.4 严把进货的外包装关，对散装或包装不严的粉状材料拒绝进场。对水泥等粉状材料进场后的二次搬运中，防止人为造成水泥等粉状材料外包装的破损。

7.3.5 应注意施工时间，杜绝砂浆搅拌机的噪声扰民。

7.3.6 水泥库房应及时覆盖，易扬尘施工场所应洒水，保证现场扬尘排放达标。

7.3.7 落地砂浆应及时回收，回收时不得夹杂杂物，并应及时运至拌合地点，提高回收率。

8　质量记录

8.0.1 材料的出厂合格证、质量检验报告及复试报告。

8.0.2 隐蔽工程检查验收记录。

8.0.3 装饰抹灰工程检验批质量验收记录。

8.0.4 其他技术文件。

第7章　保温层薄抹灰

本工艺标准适用于工业与民用建筑保温层薄抹灰工程的施工。

1　引用标准

《住宅装饰装修工程施工规范》GB 50327—2001；

《建筑工程绿色施工规范》GB/T 50905—2014；

《机械喷涂抹灰施工规程》JGJ/T 105—2011；

《建筑工程施工质量验收统一标准》GB 50300—2013；

《建筑装饰装修工程成品保护技术标准》JGJ/T 427—2018；

《建筑装饰装修工程质量验收标准》GB 50210—2018；

《预拌砂浆应用技术规程》JGJ/T 223—2010；

《抹灰砂浆技术规程》JGJ/T 220—2010；

《岩棉薄抹灰外墙外保温系统材料》JGJ/T 483—2015。

2　术语

2.0.1　聚合物水泥抹灰砂浆：以水泥为胶凝材料，加入细骨料、水和适量聚合物按一定比例配制而成的抹灰砂浆。

3　施工准备

3.1　作业条件

3.1.1　保温层工程全部完成，并经有关部门验收合格。

3.1.2　门窗框与墙体连接处的缝隙，应根据工程情况合理选用发泡剂和防水水泥砂浆结合填充。

3.1.3　保温层表面的灰尘、污垢和油渍等应清理干净。

3.1.4　大面积施工前应先做样板，经检查合格，并确定施工方法。

3.1.5　施工时使用的脚手架应提前搭设好，架体应离开墙面及墙角200～250mm；高处作业吊篮已检修调试合格。

3.1.6　严禁雨中施工，遇雨或雨期施工应有可靠的防雨措施；夏季施工应做好防晒措施，抹面层和饰面层应避免阳光直射。

3.1.7　施工环境温度不应低于5℃。

3.2　材料及机具

3.2.1　聚合物水泥抹灰砂浆：与保温层拉伸粘结强度、原强度、耐水及耐冻融均不小于0.1MPa且破坏界面在保温层内；压折比（水泥基）不大于3.0；可操作时间1.5～4.0h。

3.2.2　耐碱玻纤网布：单位面积质量不小于130g/m²，拉伸断裂强力（经、纬向）不小于750N/50mm，断裂强力保留率（经、纬向）不小于50%，断裂伸长率（经、纬向）不大于5.0%。

3.2.3　机具：吊篮、垂直运输机械、水平运输手推车、电动搅拌器、搅拌容器、3m靠尺、抹子、专用搓板、托线板、剪刀、钢尺、手锤、抹灰检测工具等。

4　操作工艺

4.1　工艺流程

基层处理 → 弹线 → 调制聚合物砂浆 → 涂抹底层聚合物砂浆 → 耐碱网布施工 → 涂抹面层聚合物砂浆

4.2　基层处理

4.2.1　基层应清洁，清除灰尘、油污等影响粘结强度的杂物。

4.2.2　抹面前，用3m靠尺检测其平整度，接缝不平处用粗砂纸或专用搓板打磨后用毛刷等将碎屑清理干净。

4.3　弹线

当底灰抹好后第二天，应在外墙大角及阳台等阳角处的两个面上，弹出垂直控制线；在突出外墙面的窗台、挑檐等水平腰线处，弹出水平控制线；在分格缝及滴水线等处，弹出控制线，并粘贴分格条及滴水槽。

4.4　调制聚合物砂浆

使用干净的塑料桶倒入约5.5kg的净水，加入25kg的聚合物干混砂浆，用低速搅拌器搅拌均匀，静置3～5min；使用前再搅拌一次，总搅拌时间不少于5min。调好的胶浆宜在2h内用完。

4.5　涂抹底层聚合物砂浆

4.5.1　保温层大面积（500m²左右）安装结束后，依据气候条件在24～48h进行底层聚合物砂浆施工。

4.5.2　用抹子在保温层表面均匀涂抹一块面积略大于一块网格布的抹面聚合物胶浆，厚度为2mm，首层楼以上采用两层抹灰施工法将聚合物砂浆均匀涂抹在保温层上，底层聚合物砂浆抹面层厚度控制在 2～3mm。

4.5.3　对细部处理要加强，檐口、窗台、阳台压顶等要控制好坡度，并做好滴水槽或滴水线。

4.6　耐碱网布施工

4.6.1　按现场铺贴部位情况将耐碱网布裁好备用，其包边应剪掉，第一层聚合物砂浆抹面层初凝时压入耐碱网布，然后抹面层聚合物砂浆抹面层。

4.6.2　网格布应自上而下沿外墙水平方向绷紧绷平，不应有皱褶、空鼓、翘边，弯曲面朝里，用铁抹子由中间向四周将网格布抹平并略压入抹面层中，网布平面搭接宽度 80～100mm。

4.6.3　在墙体拐角处、阴阳角处，网格布应从每边双向绕角且相互搭接宽度不少于 200mm。

4.6.4　在外墙门窗洞口内侧周边与四角沿 45°方向应增贴一层 300×400mm 网布进行加强处理，大面网格布铺设于其上。

4.7　涂抹面层聚合物砂浆

4.7.1　待底层聚合物砂浆抹面层施工并压入网布稍干硬后，施工面层聚合物砂浆抹面层，以找平墙面，将网格布全部覆盖，砂浆抹面层总厚度约 3～5mm。有分格缝施工按设计要求进行，砂浆配制要求同底层聚合物砂浆施工。

4.7.2　首层墙面宜为三层做法，第一层抹面层压入网布稍干硬后进行第二层施工并压入加强型网布，最后施工第三层，总抹面层厚度为 5～7mm。

4.7.3　抹面层施工完成后 12h 即进行 3～5d 的洒水养护，冬期不宜施工，养护采用静置养护。

5　质量标准

5.1　主控项目

5.1.1　保温层薄抹灰所用材料的品种和性能应符合设计要求及国家现行标准的有关规定。

5.1.2　基层质量应符合设计和施工方案的要求。基层表面的尘土、污垢和油渍等应清除干净。基层含水率应满足施工工艺的要求。

5.1.3　保温层薄抹灰及其加强处理应符合设计要求和国家现行标准的规定。

5.1.4　抹灰层与基层之间及各抹灰层之间应粘结牢固，抹灰层应无脱层和空鼓，面层应无爆灰和裂缝。

5.1.5　建筑装饰装修工程所用材料，应符合《民用建筑工程室内环境污染控制规范》GB 50325 的规定。

5.2　一般项目

5.2.1　保温层薄抹灰表面应光滑、洁净、颜色均匀、无抹纹，分格缝和灰线应清晰美观。

5.2.2　护角、孔洞、槽、盒周围的抹灰表面应整齐、光滑；管道后面的抹灰表面应平整。

5.2.3　保温层薄抹灰层的总厚度应符合设计要求。

5.2.4　保温层薄抹灰分格缝的设置应符合设计要求，宽度和深度应均匀，表面应光滑，棱角应整齐。

5.2.5　有排水要求的部位应做滴水线（槽），滴水线（槽）应整齐顺直，滴水线应内高外低，滴水槽的宽度和深度均不应小于 10mm。

5.2.6　网格布的铺贴和搭接应符合设计和施工方案的要求，网布平面搭接宽度 80mm～100mm；墙体拐角处、阴阳角处，网格布应从每边双向绕角且相互搭接宽度不少于 200mm，砂浆抹压应密实，不得空鼓，加强网不得皱褶、外露。

5.2.7　墙体上易碰撞的阳角、门窗洞口及不同材料基体的交接处等特殊部位的保温层，应采取防止开裂和破损的加强措施并符合设计要求。

5.2.8　保温层薄抹灰工程质量的允许偏差应符合表 7-1 的规定。

保温层薄抹灰的允许偏差　　　　　　　　　　表 7-1

项目	允许偏差（mm）
立面垂直度	3
表面平整度	3
阴阳角方正	3
分格条（缝）直线度	3

6　成品保护

6.0.1　推小车时，应避免碰撞门框、墙面和墙角。

6.0.2　拆除脚手架时要轻拆轻放，不得碰撞墙面。

6.0.3　应保护好墙上已安装的配件、电线、开关盒等室内设施，被砂浆污染处应及时清理干净。

6.0.4　抹灰层凝结硬化前，应防止水冲、撞击、振动和挤压。

7　注意事项

7.1　应注意的质量问题

7.1.1　严格控制原材料质量，使用检验合格的水泥；砂宜选用中砂，其含泥量应符合规范；胶粘剂应按产品使用说明书使用。

7.1.2　操作时，严格按体积比控制各种砂浆的配合比。

7.1.3　抹灰前应做好吊垂直、套方正等工序，保证抹灰表面平整、阴阳角方正、垂直通顺。

7.2　应注意的安全问题

7.2.1　严格遵守安全标准规范进行施工操作，脚手架、吊篮等严禁超载使用。

7.2.2　施工用吊篮或外脚手架计算准确，搭设牢固，安全验收合格后方可使用，作业时人员不得悬空俯身；吊篮操作人员必须适合高处作业，经培训考核合格后持证上岗。

7.2.3　作业人员必须佩戴安全帽、系好安全带，安全带不允许连接在吊篮平台上，必须通过自锁器连接在专用安全绳上。

7.2.4　搭拆现场以及使用阶段必须设专人看管，严禁非施工人员进入作业区域内；应设专人对脚手架时常进行检查，发现隐患及时处理，避免事故发生。

7.2.5　严禁将拆卸的材料和杆件向地面抛掷，已掉至地面的材料应及时运出拆卸区域；禁止将杂物乱抛。

7.2.6　严格遵守施工现场各项安全生产制度和操作规程，做好上岗前的安全技术交底及安全教育工作；做好个人防护用品的购置与发放管理；有恐高症、高血压、心脏病的操作人员禁止进行高处作业；严禁穿拖鞋和酒后上岗作业。

7.3　应注意的绿色施工问题

7.3.1　施工中所用的材料应具有产品合格证，检验试验合格，符合环保要求。

7.3.2　施工中严格执行国家相关环保方面的法律法规制度，保护现场环境卫生，实现文明施工。

7.3.3　施工时拆下的包装袋不得随手乱扔，集中收集打成捆以便废品回收，避免造成现场及周边环境污染。

7.3.4　材料进场应码放整齐，保持现场文明。

7.3.5　根据现场情况做好环境因素的评价，填写《环境因素清单》和《重要环境因素清单》，采取相应的防护措施保护环境。

8　质量记录

8.0.1　材料的出厂合格证、质量检验报告及复试报告。

8.0.2　隐蔽工程检查验收记录。

8.0.3　保温层薄抹灰工程检验批质量验收记录。

8.0.4　其他技术文件。

第8章　中空内模金属网内隔墙抹灰

本工艺标准适用于工业与民用建筑中空内模金属网内隔墙抹灰工程的施工。

1　引用标准

《住宅装饰装修工程施工规范》GB 50327—2001；

《建筑工程绿色施工规范》GB/T 50905—2014；

《机械喷涂抹灰施工规程》JGJ/T 105—2011；

《建筑工程施工质量验收统一标准》GB 50300—2013；

《建筑装饰装修工程成品保护技术标准》JGJ/T 427—2018；

《建筑装饰装修工程质量验收标准》GB 50210—2018；

《住宅室内装饰装修工程质量验收规范》JGJ/T 304—2013；

《民用建筑工程室内环境污染控制规范》GB 50325—2010（2013 年版）；

《预拌砂浆应用技术规程》JGJ/T 223—2010；

《抹灰砂浆技术规程》JGJ/T 220—2010。

2　术语（略）

3　施工准备

3.1　作业条件

3.1.1　施工前，应编制专项施工方案，经监理单位或建设单位审查批准后执行；建立健全施工质量检验制度，严格工序管理，执行自检、互检、专检的"三检"制度。

3.1.2　中空内模金属网片工程已安装完成，预埋管线位置正确，门窗框与中空内模金属网片连接可靠，并经有关部门验收合格。

3.1.3　金属网片表面的灰尘、污垢和油渍等应清理干净。

3.1.4　大面积施工前应先做样板，经检查合格，并确定施工方法。

3.1.5　施工时使用的脚手架应提前搭设好，架体应离开墙面及墙角 200～250mm。

3.1.6　对工程施工作业人员进行技术安全交底和必要的实际操作培训，让工人了解操作工艺，人员考核合格后方可上岗。

3.1.7 施工环境温度不应低于5℃。

3.2 材料及机具

3.2.1 水泥：宜采用同一生产批号且颜色一致的42.5级普通硅酸盐水泥或矿渣硅酸盐水泥。

3.2.2 砂：平均粒径为0.35～0.5mm的中砂，其颗粒应坚硬、洁净，不得含有黏土块、草根、树叶、碱质及有机物等有害物质，含泥量应符合规范规定。砂在使用前应根据使用需要过不同孔径的筛子，筛好备用。

3.2.3 胶粘剂：应按产品说明书使用。

3.2.4 机具：砂浆搅拌机、灰浆车、喷浆机、计量斗、筛子、手锤、钢丝刷、铁錾子、2.5m大杠、1.5m中杠、2m靠尺板、木折尺、方尺、托灰板、铁抹子、木抹子、小压子、塑料抹子、八字靠尺、5～7mm厚方口靠尺、阴阳角抹子、长毛刷、鸡腿刷、扫帚、喷壶、水桶等。

4 操作工艺

4.1 工艺流程

基层处理 → 网板填槽 → 抹底灰 → 抹罩面灰 → 抹踢脚或墙裙

4.2 基层处理

4.2.1 网板组装完毕管线敷设结束后，应检查预埋管线位置是否正确，门窗框是否与中空内模金属网片连接可靠，经验收合格后方可进行抹灰施工，对不符合要求的应进行修整加固。

4.2.2 细小缝隙处用水泥砂浆手工嵌塞密实。中空内模金属网内隔墙用于较潮湿房间时，隔墙下应设高度150mm的C15细石混凝土墙垫。

4.2.3 单点吊挂物超过80kg时，需先在吊挂重物处和金属网片内模中填充细石混凝土，待达到设计强度的70%后再安装膨胀螺栓吊挂物品，如没法填充细石混凝土时，应采用多点吊挂，且吊挂点应尽量选在网片凹槽的位置。

4.2.4 对长度及宽度均大于400mm的预留孔洞在网板上开孔应进行加固处理；对于小于400mm的预留孔洞可进行切割预留或先在网板上用油漆标出，待抹灰结束后裁剪，抹灰时预留孔处不抹灰。

4.2.5 抹灰施工前，可根据情况先在板一侧进行支顶，防止抹灰时晃动。

4.3 网板填槽

4.3.1 抹灰砂浆配合比和稠度等应检查合格后方可使用，抹灰用砂宜选用中粗砂，砂子应过筛，不得含有杂质。

4.3.2　网板填槽用 1∶2.5 水泥砂浆，主要是将网板凹槽填平，填槽时砂浆不应高出板面，以免抹面时砂浆过厚。填槽结束后，应养护不少于 24h 方可进行抹灰打底。

4.4　抹底灰

4.4.1　底灰采用 1∶3 水泥砂浆，施工时在墙面贴灰饼间距不宜大于 1.5m，在门口、墙垛处吊垂套方，并用木杠刮平，木抹子搓平。

4.4.2　打底结束后，应养护不少于 24h，手按无明显痕迹时方可进行面层施工。

4.5　抹罩面灰

4.5.1　罩面灰为 1∶2.5 水泥砂浆，按图纸要求做相应表面处理，应抹平、压实，注意将箱、槽、孔洞口周边抹灰修整，做到平齐、方正、光滑。抹灰施工操作须分层压实，每层厚度一般为 7～8mm。

4.5.2　隔墙长度大于 8m 时，应设竖向分格缝，缝宽 10mm。

4.5.3　墙面粉刷完毕后应进行不少于 5d 的洒水养护，每天养护不少于2 次。

4.6　抹踢脚或墙裙

1∶3 水泥砂浆底灰，用木抹子搓毛，1∶2.5 水泥砂浆压光罩面。抹成后，宜凸出墙面 6～7mm。

5　质量标准

5.1　主控项目

5.1.1　抹灰前基层表面的尘土、污垢、油渍等应清理干净。

5.1.2　抹灰采用的材料品种、性能应符合要求，按要求做好复验，合格后方可采用；砂浆配比要准确。

5.1.3　抹灰工程应分层进行。当抹灰总厚度大于或等于 35mm 时，应采取加强措施。不同材料基体交接处表面的抹灰，应采取防止开裂的加强措施，当采用加强网时，加强网与基体的搭接宽度不应小于 150mm。

5.1.4　抹灰层与金属网片基体之间及各抹灰层之间必须粘结牢固，抹灰层应无脱层、空鼓，面层无爆灰和裂缝等缺陷。

5.1.5　建筑装饰装修工程所用材料，应符合《民用建筑工程室内环境污染控制规范》GB 50325 的规定。

5.2　一般项目

5.2.1　一般抹灰工程的表面质量：普通抹灰表面应光滑、洁净，接槎平整，分格缝清晰。高级抹灰表面应光滑、洁净，颜色均匀，无抹纹，分格缝和灰线清晰美观。

5.2.2　护角、孔洞、槽、盒周围的抹灰表面应整齐、光滑，管道后面的抹灰表面应平整。

5.2.3　抹灰层的总厚度应符合设计要求。

5.2.4　抹灰分格缝的设置应符合设计要求，宽度和深度应均匀，表面光滑，棱角整齐。

5.2.5　墙面一般抹灰工程质量的允许偏差应符合表 8-1 的规定。

墙面一般抹灰的允许偏差　　　　　　　　表 8-1

项目	允许偏差（mm）	
	普通抹灰	高级抹灰
立面垂直度	4	3
表面平整度	4	3
阴阳角方正	4	3
分格条（缝）直线度	4	3
墙裙上口直线度	4	3

注：普通抹灰的阴角可不检查。

6　成品保护

6.0.1　推小车时，应避免碰撞门框、墙面和墙角。

6.0.2　拆除脚手架时要轻拆轻放，不得碰撞墙面。

6.0.3　应保护好墙上已安装的配件、电线、开关盒等室内设施，被砂浆污染处应及时清理干净。

6.0.4　抹灰层凝结硬化前，应防止水冲、撞击、振动和挤压。

7　注意事项

7.1　应注意的质量问题

7.1.1　严格控制原材料质量，使用检验合格的水泥；砂宜选用中砂，其含泥量应符合规范；胶结剂应按产品使用说明书使用。

7.1.2　操作时，严格控制各种砂浆的配合比。

7.1.3　先做护角，后做大面，保证护角与大面接触处光滑、平整、无缝隙。

7.1.4　抹灰时，应分层找平，不得一次成活。抹水泥砂浆面层时，不得刮抹素浆。

7.1.5　抹灰前应做好吊垂直、套方正和贴饼冲筋等工序，保证抹灰表面平整、阴阳角方正、垂直通顺。

7.2　应注意的安全问题

7.2.1　室内抹灰使用的高凳应平稳牢固，脚手板跨度不得大于 2m。

7.2.2　脚手板不得少于两块，且不得留有探头板，其上最多不超过两人同时作业。

7.2.3　如在夜间或在阴暗房间作业，应用 36V 安全灯照明，照明线路应架空。

7.2.4　刮杠应顺着脚手板平放，不得乱放。

7.2.5　推小车时，在过道拐弯及门口等处，应注意勿挤手。

7.3　应注意的绿色施工问题

7.3.1　项目开工前，项目经理组织有关人员编制控制措施，做好环境因素的评价，纳入项目环境管理方案，确保满足相关法律法规要求。管理方案经项目经理批准后，应逐级传递到相关责任人员。

7.3.2　脚手架支设、拆除、搬运、修理噪声的控制：必须轻拿轻放，上下、左右有人传递；项目部必须在施工场界设立钢管修理房场所。修理时，禁止用大锤敲打；切割钢管时，及时在锯片上刷油，且锯片送速不能过快。

7.3.3　应修建沉淀池，将搅拌砂浆产生的污水排入沉淀池内，再进行沉淀处理。

7.3.4　严把进货的外包装关，对散装或包装不严的粉状材料拒绝进场。对水泥等粉状材料进场后的二次搬运中，防止人为造成水泥等粉状材料外包装的破损。

7.3.5　施工中严格执行国家相关环保方面的法律法规制度，保护现场环境卫生，实现文明施工。应注意施工时间，杜绝砂浆搅拌机的噪声扰民。

7.3.6　水泥库房应及时覆盖，易扬尘施工场所应洒水，保证现场扬尘排放达标。

7.3.7　落地砂浆应及时回收，回收时不得夹杂杂物，并应及时运至拌合地点，提高回收率。

7.3.8　施工时拆下的包装袋不得随手乱扔，集中起来打成捆以便废品回收，避免造成现场及周边环境污染。

7.3.9　抹灰作业时，应采取防止交叉污染的遮挡措施。

8　质量记录

8.0.1　材料的出厂合格证、质量检验报告及复试报告。

8.0.2　隐蔽工程检查验收记录。

8.0.3　一般抹灰工程检验批质量验收记录。

8.0.4　其他技术文件。

第9章 喷涂、滚涂、弹涂

本工艺标准适用于工业与民用建筑外墙面喷涂、滚涂、弹涂工程的施工。

1 引用标准

《住宅装饰装修工程施工规范》GB 50327—2001；

《建筑工程绿色施工规范》GB/T 50905—2014；

《机械喷涂抹灰施工规程》JGJ/T 105—2011；

《建筑工程施工质量验收统一标准》GB 50300—2013；

《建筑装饰装修工程成品保护技术标准》JGJ/T 427—2018；

《建筑装饰装修工程质量验收标准》GB 50210—2018；

《预拌砂浆应用技术规程》JGJ/T 223—2010；

《抹灰砂浆技术规程》JGJ/T 220—2010。

2 术语（略）

3 施工准备

3.1 作业条件

3.1.1 墙面基层有足够的强度，无松动、脱皮、起砂、空鼓、粉化等现象，并应达到抹灰的质量标准。

3.1.2 墙面基层和防水节点处理完毕，完成雨水管卡、穿墙管道安装工作，并将脚手眼用砂浆抹实堵严。

3.1.3 搭设双排脚手架或活动吊篮，脚手架分布与外墙面分格缝对应，纵横杆距墙宜为 200～250mm。

3.1.4 根据设计要求，提前做好喷（滚、弹）涂的样板，并经验收合格。

3.1.5 喷（滚、弹）涂周围的墙面、洞口遮挡好。

3.1.6 施工环境温度不应低于5℃。

3.2 材料及机具

3.2.1 水泥：采用强度等级不低于 42.5 级的普通硅酸盐水泥或矿渣硅酸盐水泥。彩色涂料应采用白水泥，同颜色的墙面应采用同一批水泥。

3.2.2 细骨料：采用粒径为 2mm 左右的白云石、松香石等石屑；也可使用中、粗砂，其含泥量应不大于 3%。

3.2.3 颜料：应采用耐光、耐碱的矿物颜料，不得使用酸性颜料。

3.2.4 胶粘剂：应按产品说明书使用。

3.2.5 其他：分格条、黄蜡布、黑胶布等。

3.2.6 机具：空压机（排气量为 0.6m³/min，工作压力为 0.6~0.8MPa）、耐压胶管、喷斗、压浆罐、3mm 振动筛、输浆胶管、喷枪、小型机械搅拌桶、搅拌器、吊篮、料桶、计量斗、靠尺、大杠、刷子、排笔、扫帚、铁窗纱筛等。滚涂所有的各种花纹橡胶滚、疏松刮板，以及弹涂所有的弹涂器。

4　操作工艺

4.1　工艺流程

基层处理 → 备料及配料 → 面层施工

4.2　基层处理

4.2.1 清除墙面上的浮尘及其他杂物。

4.2.2 基层为砖、混凝土墙抹灰面或普通墙板面时，若未达到抹灰质量标准均应进行修补。

4.2.3 基层表面刮腻子找平时，腻子应用胶粘剂与水泥浆配制。

4.2.4 喷（滚、弹）涂墙面应做装饰性分格缝。

4.3　备料及配料

4.3.1 石屑（或中、粗砂）、颜料分别过窗纱筛，石屑为大颗粒时，应先过 3mm 筛，然后分别装袋存放备用。

4.3.2 配料时，应严格按其配合比配料，并设专人负责掌握。

4.4　面层施工

4.4.1 喷涂面层施工应符合：

1 拌和砂浆：先将水泥与石屑（或砂）按 1∶2（体积比）干拌均匀，然后再用掺有胶粘剂的水溶液将其拌和均匀，使其稠度值达到 110mm，并在砂浆内掺入水泥重量为 0.3% 的木钙粉，反复拌和均匀，颜色应按样板配制。

2 按原预留分格条的位置，重新埋放好分格条。

3 喷涂：喷涂前应将基层洒水湿润，开动空压机检查高压气管有无漏气，并将其压力稳定在 0.6MPa 左右。喷涂时，喷枪嘴应垂直于墙面，且离开墙面 0.3~0.5m，喷斗内注入砂浆，开动气管开关，用高压空气将砂浆喷吹到墙面上。如喷涂时压力有变化，可适当调整喷嘴与墙面的距离。

（1）粒状喷涂：一般两遍成活，第一遍应喷射均匀，厚度掌握在 1.5mm 左右，过 1～2h 再继续喷第二遍，并使之喷涂成活。要求喷涂颜色一致，颗粒均匀，不出浆，厚薄一致，总厚度控制在 3～4mm。

（2）波状喷涂：一般三遍成活，第一遍基层变色即可，涂层不要过厚，如墙基不平，可将喷涂的涂层用木抹子搓平后重喷；第二遍喷至盖住底浆不流淌；第三遍喷至面层出浆，表面成波状，灰浆饱满，不流坠，颜色一致，总厚度为 3～4mm。

（3）花点喷涂：待波状喷涂的面层干燥后，根据设计要求加喷一道花点，以增加面层质感。

4 起条、修理、勾缝：喷完后及时将分格条起出，将缝内清理干净并根据设计要求勾缝。

5 喷有机硅：用 500g 有机硅加 4500g 的水拌和制成，常温下喷涂 24h 后喷有机硅憎水剂，应喷匀、不流淌。

4.4.2 滚涂面层施工应符合以下规定：

1 材料拌和：滚涂砂浆采用 1∶1 水泥砂浆，并掺入一定量的胶粘剂。具体做法是：将砂过纱窗筛，与水泥按 1∶1 体积比配好，干拌均匀，然后用掺有胶粘剂的水溶液再将其拌和均匀，稠度以拉毛不流、不坠为宜，拌和好的砂浆应过振动筛后使用。

2 按原预留分格条的位置，重新粘好分格条。

3 滚涂：滚涂时应掌握基层的干湿度，浇水量以滚涂时不流淌为宜。操作时需两人合作，一人在前将事先拌好的稀砂浆刮一遍，随后立即抹一遍薄层，用铁抹子溜平，使涂层厚薄一致；另一人紧跟着拿辊子滚拉，操作时辊子滚动不能太快，且用力要一致，成活时辊子应从上向下拉，使滚出的花纹有自然向下的流水坡向。

4 起条、勾缝：滚涂完即可起出分格条，如需做阳角，应在大面积完成后进行。

5 喷有机硅：用 500g 有机硅加 4500g 的水拌和制成，常温下滚涂 24h 后喷有机硅憎水剂，应喷匀、不流淌；如喷后 24h 内淋雨，必须重喷。

4.4.3 弹涂面层施工应符合以下规定：

1 配底色浆：普通水泥∶水＝100∶90（质量比），掺适量胶粘剂，颜料同样板；或白水泥∶水＝100∶80，掺适量胶粘剂，颜料同样板。

2 配色点浆：水泥∶水＝100∶40（质量比），掺适量胶粘剂，颜料同样板。按上述配合比将颜料和胶粘剂混合拌匀，加水倒入水泥中，拌成稀浆。

3 按设计要求粘分格条。

4　刷底色浆：将已配好的底色浆涂刷到已做好的水泥砂浆面层上，大面积施工时，可采用喷浆器喷涂，直至喷匀为止。

5　弹色点浆：将已配好的色点浆注入筒式弹力器中，然后转动弹力器手柄，将色点浆甩到底色浆上；弹色点浆时，应按不同色浆分别装入不同的弹力器中，每人操作一筒，流水作业，即第一人弹第一种色浆，另一人随后弹另外一种色浆。色点应弹均匀、弹成圆粒状。

5　质量标准

5.1　主控项目

5.1.1　喷（滚、弹）涂材料的品种、规格、颜色应符合设计要求。

5.1.2　各抹灰层之间、抹灰层与基体之间应粘结牢固、无脱落、空鼓和裂缝等缺陷。

5.1.3　喷（滚、弹）涂的颜色、图案应符合设计要求。面层与基层应粘结牢固，不得漏喷（滚、弹）、起皮、反碱和反锈。

5.2　一般项目

5.2.1　喷（滚、弹）涂表面应颜色一致，花纹、色点大小均匀，不显接槎，无透底和流坠。

5.2.2　分格条（缝）的设置应符合设计要求，宽度和深度均匀一致，分格条（缝）平整光滑、棱角整齐、横平竖直、通顺。

5.2.3　有排水要求的部位应做滴水线（槽），滴水线（槽）应整齐顺直，滴水线应内高外低，滴水槽深度、宽度均不小于10mm。

5.2.4　喷（滚、弹）涂面层的允许偏差应符合表 9-1 的规定。

喷（滚、弹）涂面层的允许偏差　　表 9-1

项目	允许偏差（mm）
立面垂直度	5
表面平整度	4
阴、阳角方正	4
分格条（缝）直线度	3

6　成品保护

6.0.1　喷（滚、弹）完成后，及时用木板将口、角保护好，防止碰撞损坏。

6.0.2　拆架子时严防碰损墙面涂层。

6.0.3　涂刷油漆时，严禁蹬踩已施工完的部位，并防止油漆涂料污染墙面。

6.0.4 室内施工时，防止污染喷（滚、弹）涂饰面面层。

6.0.5 阳台、雨罩等出口宜采用硬质塑料管埋设，不宜用铁管，以免锈蚀而影响面层质感。

7 注意事项

7.1 应注意的质量问题

7.1.1 配比计量应准确，加料拌和应均匀；涂层厚度应一致；操作脚手架应搭设双排，以免出现颜色不均匀的现象。

7.1.2 抹底灰时应分格，以免喷（滚、弹）涂面层开裂。

7.1.3 抹底灰应按一般抹灰质量标准控制和验收，以利于提高喷（滚、弹）涂面层质感。

7.1.4 喷（滚、弹）涂面层接槎应甩在分格条处，不得甩在块内。

7.1.5 配料应选用抗紫外线、抗老化、抗日光照的颜料。施工时，应控制加水量，中途不得随意加水，以防变色而影响质感。

7.2 应注意的安全问题

7.2.1 脚手架或吊篮必须经安全验收合格后方可使用。

7.2.2 脚手架上不得集中堆放料桶。

7.2.3 应避免在同一垂直面上进行交叉作业，必须交叉作业时，应采取有效防止物体坠落的措施。

7.2.4 操作人员应戴防护眼镜。

7.3 应注意的绿色施工问题

7.3.1 项目开工前，项目经理组织有关人员编制控制措施，纳入项目环境管理方案，确保满足相关法律法规要求。管理方案经项目经理批准后，应逐级传递到相关责任人员。

7.3.2 脚手架支设、拆除、搬运、修理噪声的控制：必须轻拿轻放，上下、左右有人传递；项目部必须在施工场界设立钢管修理房场所。修理时，禁止用大锤敲打；切割钢管时，及时在锯片上刷油，且锯片送速不能过快。

7.3.3 应修建沉淀池，将搅拌砂浆产生的污水排入沉淀池内，再进行沉淀处理。

7.3.4 严把进货的外包装关，对散装或包装不严的粉状材料拒绝进场。对水泥等粉状材料进场后的二次搬运中，防止人为造成水泥等粉状材料外包装的破损。

7.3.5 应注意施工时间，杜绝砂浆搅拌机的噪声扰民。

7.3.6 水泥库房应及时覆盖，易扬尘施工场所应洒水，保证现场扬尘排放达标。

7.3.7　落地砂浆应及时回收，回收时不得夹杂杂物，并应及时运至拌合地点，提高回收率。

8　质量记录

8.0.1　材料的出厂合格证、质量检验报告及复试报告。

8.0.2　隐蔽工程检查验收记录。

8.0.3　装饰抹灰工程检验批质量验收记录。

8.0.4　其他技术文件。

第10章 清水砌体勾缝

本工艺标准适用于工业与民用建筑清水砌体勾缝工程的施工。

1 引用标准

《住宅装饰装修工程施工规范》GB 50327—2001；

《建筑工程绿色施工规范》GB/T 50905—2014；

《建筑工程施工质量验收统一标准》GB 50300—2013；

《建筑装饰装修工程成品保护技术标准》JGJ/T 427—2018；

《建筑装饰装修工程质量验收标准》GB 50210—2018；

《预拌砂浆应用技术规程》JGJ/T 223—2010。

2 术语（略）

3 施工准备

3.1 作业条件

3.1.1 结构工程已完成，并验收合格。

3.1.2 门窗框安装完毕。

3.1.3 搭好脚手架（双排外脚手架或吊篮），并支设好安全网。

3.1.4 施工环境温度不低于5℃。

3.2 材料及机具

3.2.1 水泥：应使用同品种、同批号的强度等级为42.5级普通硅酸盐水泥或矿渣硅酸盐水泥。

3.2.2 砂：应采用细砂，使用前过2mm孔径的筛。

3.2.3 粉煤灰：应过0.08mm方孔筛，其筛余量不大于5%。

3.2.4 胶粘剂：应按产品使用说明使用。

3.2.5 机具：吊篮、扁凿子、手锤子、粉线袋、托灰板、长溜子、短溜子、喷壶、计量斗、小铁桶、筛子、小平锹、铁板、扫帚等。

4　操作工艺

4.1　工艺流程

堵脚手眼 → 弹线找规矩 → 开缝、补缝 → 门窗嵌缝 → 墙面浇水 →

墙面勾缝 → 清扫养护

4.2　堵脚手眼

应将脚手眼、穿墙眼内清理干净，并洒水湿润，用相同颜色的砖补砌严密。

4.3　弹线找规矩

从上向下顺竖缝吊垂直，并用粉线将垂直线弹在墙上，作为竖缝控制依据，横缝则根据多数砖棱所在水平线弹线控制。

4.4　开缝、补缝

4.4.1　开缝：对所有在控制线外的砖棱、瞎缝和砌墙划缝较浅的灰缝，用扁凿子对其进行开缝。开缝深度应控制在 10～12mm，并随即将其清理干净。

4.4.2　补缝：对在控制线内缺棱掉角的砖，应按控制线抹灰补齐，然后用砖磨成的细粉加胶粘剂拌合成浆，涂刷在修补的砂浆表面，使其与原砖颜色一致。

4.5　门窗嵌缝

在勾缝前，木门窗框四周缝隙应用 1：3 水泥砂浆堵严、塞实，且深浅应一致；门窗框四周缝隙，应按设计要求的材料填塞密实。

4.6　墙面浇水

勾缝前，应对墙面浇水湿润。

4.7　墙面勾缝

4.7.1　拌和砂浆：勾缝砂浆配合比宜采用 1：1～1：1.5（水泥：砂）或 1：0.5：1.5（水泥：粉煤灰：砂）。勾缝砂浆应随用随拌，常温时 3h 内用完；30℃以上时 2h 内用完。

4.7.2　勾缝顺序：应从上向下，先勾横缝，后勾竖缝。

4.7.3　勾横缝时用长溜子，左手拿托灰板，右手拿溜子，将灰板顶在要勾的缝口下边，右手用溜子将砂浆塞入缝内。砂浆不能太稀，从右向左喂灰，随勾随移动托灰板，勾完一段后，用溜子在砖缝内左右拉推移动，使缝内的砂浆压实、压光，深浅一致。

4.7.4　勾竖缝时用短溜子，可用溜子将砂浆从托灰板上刮起，点入竖缝中；也可将托灰板靠在墙边，用短溜子将砂浆送入缝中，溜子在缝中上下移动，将缝内的砂浆压实、压光，深浅一致。如设计无要求，一般勾凹缝深度为 4～5mm。

4.7.5 墙面勾缝应做到横平竖直、深浅一致，十字缝搭接平整，压实、压光，不得有漏勾。墙面阳角及水平转角应勾方正，阴角竖缝应左右分明，窗台虎头砖应勾三面缝，转角处应勾方正。

4.7.6 勾完缝应复查一遍，在视线遮挡、不易操作、容易忽略的地方，应重点检查。如有漏勾应及时补勾，补勾后应重新清扫干净局部墙面。

4.8 清扫养护

每步架勾完缝后，用扫帚把墙面清扫干净，应顺缝清扫，先扫水平缝，后扫竖缝，并不断抖掸扫帚上的砂浆，以减少污染。缝内砂浆终凝后浇水养护。

5 质量标准

5.1 主控项目

5.1.1 清水砌体勾缝所用砂浆的品种和性能应符合设计要求及国家现行标准的有关规定。所用水泥的终凝时间和安定性复验应合格，砂浆的配合比应符合设计要求。

5.1.2 清水砌体勾缝应无漏勾。勾缝材料应粘结牢固、无开裂。

5.2 一般项目

5.2.1 清水砌体勾缝应横平竖直，交接处应平顺，宽度和深度应均匀，表面应压实抹平。

5.2.2 灰缝应颜色一致，砌体表面应洁净。

6 成品保护

6.0.1 勾缝时溅落的灰浆应随时清扫干净，不得在架子上往下倒砂浆及其他杂物，以免污染墙面。

6.0.2 填塞门窗框时，不得乱撕保护膜；勾缝时，砂浆不得污染门窗框。

6.0.3 垂直运输的上料架周围，应用塑料薄膜或席子围挡，以免砂浆污染墙面。

6.0.4 拆除架子前，应先将脚手板上的砂浆、污物清理干净。

7 注意事项

7.1 应注意的质量问题

7.1.1 勾缝前应认真将门窗框周边缝隙填塞密实。填塞时，应内外对称向里填塞，以免出现外实内虚的现象。

7.1.2 勾缝前应先勾出一块样板墙，经验收合格后再大面积勾缝。

7.1.3 勾缝时，应反复勾压横竖缝，并及时清理，以免出现横竖缝接槎不平。

7.1.4　勾缝时应注意腰线，过梁、勒脚处的第一皮砖及门窗框两侧墙面易出现漏勾现象。操作时，应反复查找，发现漏勾及时补勾。

7.2　应注意的安全问题

7.2.1　操作前，应检查架子搭设是否牢固，脚手板铺设是否平整，不得有探头板。架子外侧应有挡脚板和防身护栏。

7.2.2　操作时应精神集中，不得从架子上往下抛扔物体，更不得坐在护栏上休息。

7.3　应注意的绿色施工问题

7.3.1　项目开工前，项目经理组织有关人员编制控制措施，纳入项目环境管理方案，确保满足相关法律法规要求。管理方案经项目经理批准后，应逐级传递到相关责任人员。

7.3.2　脚手架支设、拆除、搬运、修理噪声的控制：必须轻拿轻放，上下、左右有人传递；项目部必须在施工场界设立钢管修理房场所。修理时，禁止用大锤敲打；切割钢管时，及时在锯片上刷油，且锯片送速不能过快。

7.3.3　应修建沉淀池，将搅拌砂浆产生的污水排入沉淀池内，再进行沉淀处理。

7.3.4　严把进货的外包装关，对散装或包装不严的粉状材料拒绝进场。对水泥等粉状材料进场后的二次搬运中，防止人为造成水泥等粉状材料外包装的破损。

7.3.5　应注意施工时间，杜绝砂浆搅拌机的噪声扰民。

7.3.6　水泥库房应及时覆盖，易扬尘施工场所应洒水，保证现场扬尘排放达标。

7.3.7　落地砂浆应及时回收，回收时不得夹杂杂物，并应及时运至拌合地点，提高回收率。

8　质量记录

8.0.1　材料的出厂合格证、质量检验报告及复试报告。

8.0.2　清水砌体勾缝工程检验批质量验收记录。

8.0.3　其他技术文件。

第2篇 吊　顶

第11章　石膏板吊顶顶棚

本工艺标准适用于工业与民用建筑的石膏板顶棚的吊顶工程。

1　引用标准

《住宅装饰装修工程施工规范》GB 50327—2001；

《建筑内部装修防火施工及验收规范》GB 50354—2005；

《建筑工程施工质量验收统一标准》GB 50300—2013；

《建筑装饰装修工程施工质量验收规范》GB 50210—2018；

《建筑用轻钢龙骨》GB/T 11981—2008；

《纸面石膏板》GB/T 9775—2008；

《施工现场临时用电安全技术规范》JGJ 46—2005；

《建筑施工高处作业安全技术规范》JGJ 80—2016；

《民用建筑工程室内环境污染控制规范》GB 50325—2010（2013年局部修订）。

2　术语

2.0.1　吊件

吊杆与龙骨间的连接件。

2.0.2　挂件

主龙骨和其他龙骨挂接的连接件。

2.0.3　挂插件

次龙骨与横撑龙骨水平垂直相接的连接件。

2.0.4　反支撑

吊顶的反向支撑体系。反支撑构件通常用型钢制作。

3　施工准备

3.1　作业条件

3.1.1　结构工程全部完工，经验收合格。屋面防水、楼地面防水、墙面抹灰施工完并验收合格。室内墙上已弹好 0.5m 标高线。施工前应按设计要求对房间的净高、洞口标高和吊顶内的管道、设备及其支架的标高进行交接检验。

3.1.2　顶棚内各种管线及通风管道，都应安装完毕，且管道试水、打压已验收合格，并办理验收手续。确定好灯位、通风口、喷洒口及各种露明孔口位置。

3.1.3　顶棚内其他作业项目已经完成。

3.1.4　顶棚罩面板安装前，应做完墙、地湿作业工程，涂料只剩最后一遍面漆并经验收合格。

3.1.5　供吊顶用的操作平台已搭设完成，经检查符合要求。

3.1.6　供吊顶用的材料和机具（工具）已到现场或按现场要求加工成型。

3.1.7　吊顶工程在施工中应做好各项施工记录，收集好各种有关文件。

3.1.8　室内环境应干燥，湿度不大于 60%，通风良好，吊顶内四周墙面的各种孔洞已封堵完毕，抹灰已干燥。

3.2　材料及机具

3.2.1　龙骨：轻钢龙骨和木龙骨等。木龙骨应为烘干、不易扭曲变形的红白松等树种制作而成。吊顶所使用龙骨的品种、规格和颜色应符合设计要求。材料应具有产品合格证、性能检测报告、进场验收记录和复验报告等。

3.2.2　配件：吊挂件、连接件、插接件、吊杆、内胀管、丝杆和螺母、自攻螺钉。

3.2.3　饰面板材料：根据使用环境需要，分普通纸面石膏板、耐水性纸面石膏板和耐火性纸面石膏板；其他饰面板材：有特殊需要时，可选用其他板材。所有材料应有产品合格证、进场验收记录和性能检测报告。

3.2.4　胶粘剂、防火、防腐材料等：胶粘剂应按主材料的性能选用，使用前做粘结试验，质量符合要求后方可使用。防火剂一般按建筑物的防火等级选用防火涂料。胶粘剂、防火剂、防腐剂应有环保检测报告。

3.2.5　接触砖石、混凝土的木龙骨和预埋木砖应做防腐处理。所有木料都应做防火处理。

3.2.6　施工机具：电锯、无齿锯、手持式电钻、冲击电锤、电焊机、角磨机、拉铆枪、射钉枪、手锯、钳子、扳手、水准仪、靠尺、钢尺、水平尺、方尺、塞尺、线坠、螺丝刀、锤、装饰装修活动脚手架等。

4　操作工艺

4.1　工艺流程

| 弹顶棚标高水平线 | → | 画龙骨分档线 | → | 安装吊杆 | → | 安装主龙骨 | → | 安装次龙骨 | → |

防腐防火处理 → 石膏板安装

4.2 弹顶棚标高水平线

根据楼层标高水平线，用尺竖向量至顶棚设计标高，沿墙、往四周弹顶棚标高水平线。

4.3 划龙骨分档线

按吊顶平面图在混凝土顶板弹出主龙骨的位置。主龙骨应从吊顶中心向两边分，最大间距为1000mm，并标出吊杆的固定点，吊杆的固定点间距900～1000mm。如遇到梁和管道固定点大于设计和规程要求，应增加吊杆的固定点。

4.4 安装吊杆

在弹好顶棚标高水平线及龙骨位置线后，确定吊杆下端头的标高，按大龙骨的位置及吊挂间距，吊点间距900～1200mm。将吊杆一端与楼板连接固定（可采用直爆螺栓或将吊杆焊接于膨胀螺栓固定的后置埋件的方法）。并对钢筋吊杆进行防锈处理，刷防锈漆2遍。上人吊顶采用 ϕ10mm 吊杆，不上人吊顶采用 ϕ6～8mm 吊杆，吊杆长度大于1500mm 的吊顶龙骨系统应加反支撑。吊顶应通直并有足够的承载能力。吊顶距主龙骨端部不得大于300mm，否则应增加吊杆。灯具、风口、检修口等处应附加吊杆。

4.5 安装主龙骨

4.5.1 轻钢龙骨安装时，在龙骨上预先安装好吊挂件，将组装吊挂的龙骨，按分档线位置使吊挂件穿入相应的吊杆螺母，拧好螺母。木龙骨用镀锌钢丝或用 ϕ6、ϕ8 螺栓固定在吊杆上。主龙骨间距取900～1200mm。主龙骨宜平行房间长向安装，同时应起拱，起拱高度为房间短向跨度的1/200。

4.5.2 主龙骨的接头应采取对接，相邻龙骨的对接接头要相互错开。主龙骨挂好后应调平。跨度大于15m 以上的吊顶，应在主龙骨上，每隔15m 加一道大龙骨，并垂直主龙骨连接牢固。如有大的造型顶棚，造型部分应用角钢或扁钢焊接成框架，并应与楼板连接牢固。

4.5.3 边龙骨采用射钉固定，设计无要求时，射钉间距同此龙骨间距。

4.6 安装次龙骨

4.6.1 石膏板吊顶次龙骨采用U形龙骨时，一般用沉头自攻钉固定面板，次龙骨应紧贴主龙骨安装，次龙骨间距一般为400mm，固定次龙骨的间距，一般不应大于600mm。吸声板吊顶次龙骨采用T形烤漆龙骨，镀锌钢片连接件把次龙骨固定在主龙骨上时，次龙骨的两端应搭在L形烤漆边龙骨的水平翼缘上。次龙骨间距300～600mm，固定次龙骨的间距，一般不应大于600mm。

4.6.2 采用木龙骨时，龙骨底面应刨光、刮平，截面厚度应一致。龙骨间

54

距应按设计要求。设计无要求时，应按罩面板规格决定，一般为 500mm，不应大于 600mm。次龙骨按起拱标高，通过短吊杆将次龙骨用圆钉固定在大龙骨上，通长次龙骨接头应错开，采用双面夹板用圆钉错位钉牢，接头两侧最少各钉两个钉子。

4.7　防腐、防火处理

4.7.1　顶棚内所有露明的铁件焊接处，安装罩面板前必须刷好防锈漆。

4.7.2　木骨架与结构接触面应进行防腐处理，木龙骨刷防火涂料 2～3 遍。

4.8　石膏板安装

4.8.1　饰面板应在自由状态下固定，防止出现弯棱、凸鼓的现象；还应在棚顶四周封闭的情况下安装固定，防止板面受潮变形。石膏板的长边应沿纵向次龙骨铺设。

4.8.2　固定石膏板沉头自攻螺钉的规格要求：单层板沉头自攻螺钉选用 5mm×2.5mm；双层板的第二层板沉头自攻螺钉选用 5mm×3.5mm。

4.8.3　沉头自攻螺钉与板边（纸面石膏板既包封边）的距离（即长边），以≥10mm 为宜，切割的板边（即短边），以≥15mm 为宜。

4.8.4　沉头自攻螺钉钉距板边以 150～170mm 为宜，板中钉距不超过 300mm 螺钉应于板面垂直，已弯曲、变形的螺钉应剔除，并在离原钉位 50mm 处另安螺钉。

4.8.5　安装双层板时，面层板与基层板的接缝应错开，不得在一根龙骨上。

4.8.6　石膏板与龙骨固定，应从一块板的中间向板的四边进行固定，不得多点同时作业。造型吊顶吊装时要注意与四周石膏板的连接，接缝处理平直、圆滑。

4.8.7　螺丝钉头宜略埋入板面，但不得损坏纸面，钉眼应作防锈处理并用石膏腻子抹平。

5　质量标准

5.1　主控项目

5.1.1　吊顶的标高、尺寸、起拱和造型应符合设计要求。

5.1.2　石膏板的材质、品种、规格、图案应符合设计要求。

5.1.3　吊杆、龙骨和饰面材料的安装必须牢固。

5.1.4　吊杆、龙骨材质、规格、安装间距及连接方式应符合设计及产品使用要求。金属吊杆、龙骨应进行表面防锈处理。木龙骨应进行防腐防火处理。

5.1.5　石膏板的接缝应按其施工工艺标准进行板缝防裂处理。预留 3～5mm 的缝隙，安装双层石膏板时，面层板与基层板的接缝应错开，预留 3～5mm

的缝隙，并不得在同一根龙骨上接缝。

5.2 一般项目

5.2.1 罩面材料表面应洁净、色泽一致，不得有翘曲、裂缝及缺损。

5.2.2 罩面板上的灯具、烟感、温感、喷淋头、风口、广播等设备的位置应合理、美观，与饰面板的交接应吻合、严密。

5.2.3 吊杆、龙骨的接缝应均匀一致，角缝应吻合，表面应平整，无翘曲、锤印。木质吊杆、龙骨应顺直，无劈裂、变形。

5.2.4 吊顶内填充吸声材料的品种和铺设厚度应符合设计要求，并应有防散落措施。

5.2.5 石膏板吊顶工程安装的允许偏差和检验方法应符合表11-1和表11-2的规定。

石膏板（整体面层）吊顶工程安装的允许偏差和检验方法　　　　表11-1

项次	项目	允许偏差（mm）	检验方法
1	表面平整度	3	用2m靠尺和塞尺检查
2	缝格、凹槽直线度	3	拉5m线，不足5m拉通线，用钢直尺检查

石膏板（板块面层）吊顶工程安装的允许偏差和检验方法　　　　表11-2

项次	项目	允许偏差（mm）	检验方法
1	表面平整度	3	用2m靠尺和塞尺检查
2	接缝直线度	3	拉5m线，不足5m拉通线，用钢直尺检查
3	接缝高低差	1	用钢直尺和塞尺检查

6 成品保护

6.0.1 安装时应注意保护顶棚内各种管线。轻钢骨架的吊杆、龙骨不得固定在通风管道及其他设备上。

6.0.2 骨架、罩面板及其他吊顶材料在入场存放、使用过程中严格管理，保证不变形、不受潮、不生锈。

6.0.3 施工吊顶时对已安装的门窗，已施工完毕的地面、墙面、窗台等应注意保护，防止污损。

6.0.4 已装吊顶骨架不得上人踩踏。其他工种吊挂件，不得吊于吊顶骨架上。

6.0.5 为了保护成品，罩面板安装必须在棚内管道试水、保温、设备安装调试等一切工序全部验收后进行。

7　注意事项

7.1　应注意的质量问题

7.1.1　吊顶龙骨必须牢固、平整，利用吊杆或吊筋螺栓调整拱度。安装龙骨时应严格按放线的水平标准线和规方线组装周边骨架。受力节点应装钉严密、牢固，保证龙骨的整体刚度。龙骨的尺寸应符合设计要求，纵横拱度均匀，互相适应。吊顶龙骨严禁有硬弯，如有必须调直再进行固定。

7.1.2　吊顶面层必须平整，施工前应弹线，中间按平线起拱。长龙骨的结长应采用对接；相邻龙骨接头要错开，避免主龙骨向边倾斜。

7.1.3　龙骨安装完毕，应检查合格后再安装罩面板吊件必须安装牢固，严禁松动变形。龙骨分格的几何尺寸必须符合设计要求和面层板块的模数。

7.1.4　饰面板的品种、规格符合设计要求，外观质量必须符合材料技术标准的规格。

7.1.5　大于 3kg 的重型灯具、电扇及其他重型设备严禁安装在吊顶工程的龙骨上。

7.2　应注意的安全问题

7.2.1　使用高凳、人字梯、活动架时，下脚应绑麻布或铺防滑垫。人字梯之间，应加拉绳防滑。

7.2.2　使用脚手架时，脚手架搭设应符合国家有关规范的要求。脚手架上堆料量不得超过规定荷载，跳板应用钢丝绑扎固定，不得有探头板。顶棚高度超过 3m 应设脚手架，跳板下应安装安全网。

7.2.3　吊顶施工时，所使用的电器设备应遵守有管安全操作规程。

7.2.4　移动机具及电动工具应安装可靠的防漏电保护装置，做到一机一闸一保护。

7.2.5　进入现场必须戴安全帽，高空作业应系安全带。严禁穿拖鞋、高跟鞋、带钉易滑鞋或光脚进入现场。

7.2.6　作业场所应配备齐全、可靠的消防器材。作业场所不得存放易燃物品，并严禁吸烟或动用明火。

7.3　应注意的绿色施工问题

7.3.1　在施工过程中对于电锤等施工机具产生的噪声，施工人员应严格按工程确定的环保措施进行控制。

7.3.2　废弃物按指定位置分类储存，集中处置。

7.3.3　施工后的废料应及时清理，做到工完料清场地清，坚持做好文明施工。

8　质量记录

8.0.1　龙骨、饰面板等材料的产品合格证书、性能检查报告、进场验收记录。

8.0.2　隐蔽工程检查验收记录。

8.0.3　施工记录。

8.0.4　整体面层吊顶工程检验批质量验收记录。

8.0.5　板块面层吊顶分项工程质量验收记录。

8.0.6　其他技术文件。

第 12 章　矿棉板吊顶顶棚

本工艺标准适用于工业与民用建筑的矿棉板顶棚的吊顶工程。

1　引用标准

《住宅装饰装修工程施工规范》GB 50327—2001；

《建筑内部装修防火施工及验收规范》GB 50354—2005；

《建筑工程施工质量验收统一标准》GB 50300—2013；

《建筑装饰装修工程施工质量验收规范》GB 50210—2018；

《建筑用轻钢龙骨》GB/T 11981—2008；

《施工现场临时用电安全技术规范》JGJ 46—2005；

《建筑施工高处作业安全技术规范》JGJ 80—2016；

《民用建筑工程室内环境污染控制规范》GB 50325—2010（2013 局部修订）。

2　术语（略）

3　施工准备

3.1　作业条件

3.1.1　结构工程全部完工，经验收合格。室内墙上已弹好 0.5m 标高线。施工前应按设计要求对房间的净高、洞口标高和吊顶内的管道、设备及其支架的标高进行交接检验。

3.1.2　顶棚内各种管线及通风管道，都应安装完毕，且管道试水、打压已验收合格，并办理验收手续。确定好灯位、通风口、喷洒口及各种露明孔口位置。

3.1.3　顶棚内其他作业项目已经完成。

3.1.4　顶棚罩面板安装前，应做完墙、地湿作业工程，涂料只剩最后一遍面漆并经验收合格。

3.1.5　供吊顶用的操作平台已搭设完成，经检查符合要求。

3.1.6　供吊顶用的材料已到现场或按现场要求加工成型。

3.1.7　顶内四周墙面的各种孔洞已封堵完毕，抹灰已干燥。

3.2　材料及机具

3.2.1　龙骨：吊顶使用的轻钢龙骨分为 U 形骨架和 T 形骨架两种。轻钢龙骨分为主龙骨、次龙骨、边龙骨，材料应具有产品合格证、性能检测报告、进场验收记录和复验报告等。

3.2.2　配件：吊挂件、连接件、插接件、内胀管、丝杆和螺母、膨胀螺栓、自攻螺钉、射钉等。

3.2.3　饰面板材料：矿棉板的规格、品种、表面形式、吸声指标必须达到设计要求和使用功能的要求。

3.2.4　胶粘剂、防火、防腐材料等：胶粘剂应按主材料的性能选用，使用前做粘结试验，质量符合要求后方可使用。防火剂一般按建筑物的防火等级选用防火涂料。胶粘剂、防火剂、防腐剂应有环保检测报告。

3.2.5　施工机具：电锯、无齿锯、手持式电钻、冲击电锤、电焊机、角磨机、拉铆枪、射钉枪、手锯、钳子、扳手、水准仪、靠尺、钢尺、水平尺、方尺、塞尺、线坠、螺丝刀、锤、装饰装修活动脚手架等。

4　操作工艺

4.1　工艺流程

弹顶棚标高水平线 → 画龙骨分档线 → 安装吊杆 → 安装主龙骨 →

安装次龙骨 → 防腐防火处理 → 安装矿棉板

4.2　弹顶棚标高水平线

根据楼层标高水平线，用尺竖向量至顶棚设计标高，沿墙、往四周弹顶棚标高水平线。

4.3　画龙骨分档线

按吊顶平面图在混凝土顶板弹出主龙骨的位置。主龙骨应从吊顶中心向两边分，最大间距为 1200mm，并标出吊杆的固定点，吊杆的固定点间距 900～1200mm。如遇到梁和管道固定点大于设计和规程要求，应增加吊杆的固定点。

4.4　安装吊杆

在弹好顶棚标高水平线及龙骨位置线后，确定吊杆下端头的标高，按主龙骨的位置及吊挂间距，吊点间距 900～1200mm。将吊杆一端与楼板连接固定（可采用直爆螺栓或将吊杆焊接于膨胀螺栓固定的后置埋件的方法）。并对钢筋吊杆进行防锈处理，刷防锈漆两遍。上人吊顶采用 ϕ10mm 吊杆，不上人吊顶采用 ϕ6～8mm 吊杆，吊杆长度大于 1500mm 的吊顶龙骨系统应加反支撑。吊顶应通直并有足够的承载能力。吊点距主龙骨端部不得大于 300mm，否则应增加吊杆。灯具、风口、检修口等处应附加吊杆。

4.5 安装主龙骨

4.5.1 安装主龙骨时，应将主龙骨吊挂件连接在主龙骨上，拧紧螺钉，并根据设计要求吊顶起拱，起拱高度约为短跨的 1‰～3‰，主龙骨间距为小于 1200mm，安装的主龙骨接头应错开，在接头处增加吊点，随时检查龙骨的平整度。

4.5.2 跨度大于 15m 以上的吊顶，应在主龙骨上每隔 15m 加一道大龙骨，并垂直主龙骨连接牢固。当遇到通风管道较大超过龙骨最大间距要求时，必须采用 L 30×3 以上的角钢做龙骨骨架，并且不能将骨架与通风管道等设备工程接触。

4.6 安装次龙骨

4.6.1 按照面板的不同安装方式和规格，次龙骨分为 T 形和 C 形两种，次龙骨间距 600mm，将次龙骨通过挂件吊挂在主龙骨上，在与主龙骨平行方向安装 600mm 的横撑龙骨，间距为 600mm 或 1200mm。当采用搁置法和企口法安装时次龙骨为 T 形，粘贴法或者其他固定法时选用 C 形。

4.6.2 采用 L 形边龙骨，与墙体用膨胀螺栓或自攻螺钉固定，固定间距 200mm。安装边龙骨前墙面应用腻子找平，可以避免将来墙面刮腻子时污染和不易找平。

4.6.3 安装 T 形龙骨：在龙骨安装时，在灯具和风口位置的周边加设 T 形加强龙骨。

4.6.4 校正调平：边龙骨安装完成后，再复查龙骨系统的水平。先调整边龙骨，在根据边龙骨的标高调整相应的副龙骨。如有必要调整相应的主龙骨。

4.7 防腐、防火处理

钢筋吊杆和顶棚内所有露明的铁件焊接处，安装罩面板前必须刷好防锈漆。

4.8 矿棉板安装

4.8.1 矿棉板规格、厚度根据设计要求确定，一般为 600mm×600mm×15mm。安装时操作工人须戴白手套，以防止污染。

4.8.2 搁置法安装（明龙骨）：搁置法与 T 形龙骨配合使用，将矿棉板斜成 45°放置在次龙骨搭成的框内，板搭在龙骨的肢上即可。

4.8.3 粘贴法：将矿棉板用胶粘剂均匀满涂在矿棉吸声板背面，并牢固地粘贴在基层石膏板或其他材料的基层上。在胶粘剂未固化前不得有强烈振动，并保持房间通风良好。

4.8.4 企口法安装（暗龙骨）：将矿棉板加工成暗缝的形式，龙骨的两条肢插入暗缝内，不用钉，也不用胶，靠两条肢板担住。注意接槎处要平整、光滑。

4.8.5 钉固定法安装：采用自攻螺丝固定矿棉板的四边，并要求钉的间距为 200～300mm，钉帽进入面板 1～2mm。

4.8.6 罩面板顶棚如果设计有压条，待面板安装后，经调整位置，使拉缝均匀，对缝平正，进行压条位置弹线后，安装固定方法采用自攻螺钉或采用胶粘法粘贴。

5 质量标准

5.1 主控项目

5.1.1 吊顶的标高、尺寸、起拱和造型应符合设计要求。

5.1.2 矿棉板的材质、品种、规格、图案应符合设计要求。

5.1.3 吊杆、龙骨和饰面材料的安装必须牢固。

5.1.4 吊杆、龙骨材质、规格、安装间距及连接方式应符合设计及产品使用要求。金属吊杆、龙骨应进行表面防锈处理。木龙骨应进行防腐、防火处理。

5.2 一般项目

5.2.1 矿棉板表面应洁净、色泽一致，不得有翘曲、裂缝及缺损。

5.2.2 矿棉板上的灯具、烟感、温感、喷淋头、风口、广播等设备的位置应合理、美观，与饰面板的交接应吻合、严密。

5.2.3 吊杆、龙骨的接缝应均匀一致，角缝应吻合，表面应平整，无翘曲、锤印。木质吊杆、龙骨应顺直，无劈裂、变形。

5.2.4 吊顶内填充吸声材料的品种和铺设厚度应符合设计要求，并应有防散落措施。

5.2.5 矿棉板吊顶工程安装的允许偏差和检验方法应符合表 12-1 的规定。

矿棉板吊顶工程安装的允许偏差和检验方法　　　　　表 12-1

项次	项目	允许偏差（mm）	检验方法
1	表面平整度	2	用 2m 靠尺和塞尺检查
2	接缝直线度	3	拉 5m 线，不足 5m 拉通线，用钢直尺检查
3	接缝高低差	2	用钢直尺和塞尺检查

6 成品保护

6.0.1 安装时应注意保护顶棚内各种管线。轻钢骨架的吊杆、龙骨不得固定在通风管道及其他设备上。

6.0.2 骨架、罩面板及其他吊顶材料在入场存放、使用过程中严格管理，保证不变形、不受潮、不生锈。

6.0.3 施工吊顶时对已安装的门窗，已施工完毕的地面、墙面、窗台等应注意保护，防止污损。

6.0.4 已装吊顶骨架不得上人踩踏。其他工种吊挂件，不得吊于吊顶骨架上。

6.0.5 为了保护成品，罩面板安装必须在棚内管道试水、保温、设备安装调试等一切工序全部验收后进行。

7 注意事项

7.1 应注意的质量问题

7.1.1 吊顶龙骨必须牢固、平整，利用吊杆或吊筋螺栓调整拱度。安装龙骨时应严格按放线的水平标准线和规方线组装周边骨架。受力节点应装钉严密、牢固，保证龙骨的整体刚度。龙骨的尺寸应符合设计要求，纵横拱度均匀，互相适应。吊顶龙骨严禁有硬弯，如有必须调直再进行固定。

7.1.2 吊顶面层必须平整，施工前应弹线，中间按平线起拱。长龙骨的结长应采用对接；相邻龙骨接头要错开，避免主龙骨向边倾斜。

7.1.3 龙骨安装完毕，应检查合格后再安装罩面板吊件必须安装牢固，严禁松动变形。龙骨分格的几何尺寸必须符合设计要求和面层板块的模数。

7.1.4 矿棉板安装时注意板块的规格，拉线找正，安装固定时保证平正、对直，避免矿棉板分块间隙缝不直，压缝条及压边条不严密、平直。

7.1.5 大于 3kg 的重型灯具、电扇及其他重型设备严禁安装在吊顶工程的龙骨上。

7.2 应注意的安全问题

7.2.1 使用高凳、人字梯、活动架时，下脚应绑麻布或铺防滑垫。人字梯之间，应加拉绳防滑。

7.2.2 使用脚手架时，脚手架搭设应符合国家有关规范的要求。脚手架上堆料量不得超过规定荷载，跳板应用钢丝绑扎固定，不得有探头板。顶棚高度超过 3m 应设脚手架，跳板下应安装安全网。

7.2.3 吊顶施工时，所使用的电器设备应遵守有管安全操作规程。

7.2.4 移动机具及电动工具应安装可靠的防漏电保护装置，做到一机一闸一保护。

7.2.5 进入现场必须戴安全帽，高空作业应系安全带。严禁穿拖鞋、高跟鞋、带钉易滑鞋或光脚进入现场。

7.2.6 作业场所应配备齐全可靠的消防器材。作业场所不得存放易燃物品，并严禁吸烟或动用明火。

7.3 应注意的绿色施工问题

7.3.1 在施工过程中对于电锤等施工机具产生的噪声,施工人员应严格按工程确定的绿色施工措施进行控制。

7.3.2 废弃物按指定位置分类储存,集中处置。

7.3.3 施工后的废料应及时清理,做到工完料清场地清,坚持做好文明施工。

8 质量记录

8.0.1 龙骨、饰面板等材料的产品合格证书、性能检查报告、进场验收记录。

8.0.2 隐蔽工程检查验收记录。

8.0.3 施工记录。

8.0.4 整体面层吊顶工程检验批质量验收记录。

8.0.5 板块面层吊顶分项工程质量验收记录。

8.0.6 其他技术文件。

第 13 章　金属板吊顶顶棚

本工艺标准适用于工业与民用建筑的金属板顶棚的吊顶工程。

1　引用标准

《住宅装饰装修工程施工规范》GB 50327—2001；

《建筑内部装修防火施工及验收规范》GB 50354—2005；

《建筑工程施工质量验收统一标准》GB 50300—2013；

《建筑装饰装修工程施工质量验收规范》GB 50210—2018；

《建筑用轻钢龙骨》GB/T 11981—2008；

《施工现场临时用电安全技术规范》JGJ 46—2005；

《建筑施工高处作业安全技术规范》JGJ 80—2016；

《民用建筑工程室内环境污染控制规范》GB 50325—2010（2013 年局部修订）。

2　术语（略）

3　施工准备

3.1　作业条件

3.1.1　结构工程全部完工，经验收合格。室内墙上已弹好 0.5m 标高线。施工前应按设计要求对房间的净高、洞口标高和吊顶内的管道、设备及其支架的标高进行交接检验。

3.1.2　顶棚内各种管线及通风管道，都应安装完毕，且管道试水、打压已验收合格，并办理验收手续。确定好灯位、通风口、喷洒口及各种露明孔口位置。

3.1.3　顶棚内其他作业项目已经完成。

3.1.4　顶棚罩面板安装前，应做完墙、地湿作业工程，涂料只剩最后一遍面漆并经验收合格。

3.1.5　供吊顶用的操作平台已搭设完成，经检查符合要求。

3.1.6　各种材料进场验收记录、检验报告、出场合格证应齐全。

3.2　材料及机具

3.2.1　龙骨：钢方管龙骨、专用卡型龙骨、T 形龙骨，吊顶按荷载分上人

65

和不上人两种，轻钢骨架主件为大、中、小龙骨；材料应具有产品合格证、性能检测报告、进场验收记录和复验报告等。

3.2.2 配件：吊挂件、连接件、插接件、吊杆、膨胀螺栓、铆钉。

3.2.3 饰面板材料：常用的有条形金属扣板、吸声和不吸声的方形金属扣板；还有单铝板、铝塑板、不锈钢板等；金属饰面板的品种、规格和边角龙骨装饰条应按设计要求选用，其质量应符合国家有关标准的规定。

3.2.4 胶粘剂、防火、防腐材料等：胶粘剂应按主材料的性能选用，使用前做粘结试验，质量符合要求后方可使用。防火剂一般按建筑物的防火等级选用防火涂料。胶粘剂、防火剂、防腐剂应有环保检测报告。

3.2.5 施工机具：电锯、无齿锯、手电钻、冲击电锤、电焊机、自攻螺钉钻、手提圆盘踞、手提线锯机、射钉枪、拉铆枪、手锯、钳子、螺钉旋具、扳子、钢尺、钢水平尺、线坠、装饰装修活动脚手架等。

4 操作工艺

4.1 工艺流程

弹顶棚标高水平线 → 画龙骨分档线 → 安装吊杆 → 安装边龙骨 →

安装主龙骨 → 安装次龙骨 → 罩面板安装

4.2 弹顶棚标高水平线

根据楼层标高水平线，用尺竖向量至顶棚设计标高，沿墙、往四周弹顶棚标高水平线。

4.3 画龙骨分档线

按吊顶平面图在混凝土顶板弹出主龙骨的位置。主龙骨应从吊顶中心向两边分，最大间距为1200mm，并标出吊杆的固定点，吊杆的固定点间距900～1200mm。如遇到梁和管道固定点大于设计和规程要求，应增加吊杆的固定点。

4.4 安装吊杆

在弹好顶棚标高水平线及龙骨位置线后，确定吊杆下端头的标高，按主龙骨的位置及吊挂间距，吊点间距900～1200mm。将吊杆一端与楼板连接固定（可采用直爆螺栓或将吊杆焊接于膨胀螺栓固定的后植埋件的方法）。并对钢筋吊杆进行防锈处理，刷防锈漆2遍。上人吊顶采用$\phi10$mm吊杆，不上人吊顶采用$\phi6$～8mm吊杆，吊杆长度大于1500mm的吊顶龙骨系统应加反支撑。吊顶应通直并有足够的承载能力。吊顶距主龙骨端部不得大于300mm，否则应增加吊杆。灯具、风口及检修口等应设附加吊杆。大于3kg的重型灯具、电扇及其他重型设备严禁安装在吊顶工程的龙骨上，应另设吊挂件与结构连接。

4.5　安装边龙骨

边龙骨应按弹线安装，沿墙（柱）上的边龙骨控制线把 L 形镀锌轻钢条用自攻螺丝固定在预埋木砖上，如为混凝土墙（柱）上可用射钉固定，射钉间距应不大于吊顶次龙骨的间距。如罩面板是固定的单铝板或铝塑板可以用密封胶直接收边，也可以加阴角进行修饰。

4.6　安装主龙骨

4.6.1　安装主龙骨时，应将主龙骨吊挂件连接在主龙骨上，拧紧螺丝，并根据设计要求吊顶起拱，起拱高度约为短跨的 1/200，主龙骨间距为小于 1200mm，安装的主龙骨接头应错开，在接头处增加吊点，随时检查龙骨的平整度。主龙骨的悬臂段不应大于 300mm，否则应增加吊杆。

4.6.2　当遇到通风管道较大超过龙骨最大间距要求时，必须采用 L 30×3 以上的角钢做龙骨骨架，并且不能将骨架与通风管道等设备工程接触。跨度大于 15m 以上的吊顶，应在主龙骨上，每隔 15m 加一道大龙骨，并垂直主龙骨连接牢固。

4.6.3　如罩面板是单铝板或铝塑板，也可以用型钢或方铝管做主龙骨，与吊杆用专用吊卡或螺栓（铆接）连接。

4.6.4　吊顶如设检修走道，应设独立吊挂系统，检修走道应根据设计要求选用材料。

4.7　安装次龙骨

4.7.1　吊挂次龙骨时，按设计规定的次龙骨间距施工。条形或方形金属罩面板的次龙骨，应使用配套专用次龙骨产品，与主龙骨直接连接。

4.7.2　用 T 形镀锌专用连接件把次龙骨固定在主龙骨上时，次龙骨的两端应搭在 L 形边龙骨的水平翼缘上。

4.7.3　在通风、水电等洞口周围应设附加龙骨，附加龙骨的连接件用拉铆钉铆固或螺钉固定。

4.8　罩面板安装

4.8.1　铝塑板安装

1　铝塑板采用室内单面铝塑板，根据设计要求，在工厂制作成需要的形状，用胶粘在事先封好的底板上，可以根据设计要求留出适当的胶缝。

2　胶粘剂粘贴时，涂胶应均匀；粘贴时，应采用临时固定措施，并应及时擦去挤出的胶液；在打封闭胶时，应先用美纹纸将饰面板保护好，待打胶后撕去，清理板面。

4.8.2　单铝板和不锈钢铝板安装

将板材加工折边，在拆边上加上角钢，再将板材用拉铆钉固定在龙骨上，可以根据设计要求留出适当的胶缝，在胶缝中填充泡沫塑料棒，然后打胶密封。在打胶密封时，应先用美纹纸将饰面板保护好，待胶打好后，撕去美纹纸带清理板面。

4.8.3　金属（条、方）扣板安装

1　条板式吊顶龙骨一般可直接吊挂，也可增加主龙骨，主龙骨间距一般不大于 1200mm，一般为 1000mm 为宜，条板式吊顶龙骨形式与条板配套。

2　方板吊顶次龙骨分明装 T 形和暗装卡形两种，可依据金属方板式样选定。次龙骨与主龙骨间用固定件连接。

3　金属板吊顶与四周墙面所留空隙，用金属压条与吊顶找齐，金属压缝条材质宜与金属板面相同。

4.8.4　饰面板上的灯具、烟感、喷淋头、风口、广播等设备的位置应合理、美观，与饰面的交接应吻合、严密。并做好检修口的预留，使用材料应与母体相同，安装时应严格控制整体性、刚度和承载力。

4.8.5　吊顶饰面板安装后应统一拉线调整，确保龙骨顺直、缝隙均匀一致，顶面表面平整。

5　质量标准

5.1　主控项目

5.1.1　吊顶标高、尺寸、起拱和造型应符合设计要求及国家标准规定。

5.1.2　金属板的材质、品种、规格、安装间距及连接方式应符合设计要求及国家标准的规定。

5.1.3　吊杆、龙骨的材质、规格、安装间距及连接方式应符合设计要求。金属吊杆应经过表面防锈处理。

5.1.4　金属板与龙骨连接件应该牢固，不得松动变形。

5.1.5　金属板条、块分格方式应符合设计要求。无设计要求时应对称、美观，套制尺寸应准确，边缘整齐，不漏缝。条块排列一致，无错台，阴阳角方正。

5.2　一般项目

5.2.1　金属板应洁净、色泽一致，无翘曲、凹坑、划痕。

5.2.2　金属板表面平整、接口严密，板缝顺直，宽窄一致、无错台阴阳角方正。

5.2.3　金属板上的灯具、烟感器、喷淋头、风口箅子等设备的位臵应合理、美观、与饰面板的交接应吻合、严密。

5.2.4　轻钢龙骨金属饰面板的吊顶工程安装的允许偏差和检验方法应符合表 13-1 的规定。

金属板吊顶工程安装的允许偏差和检验方法　　　　　表 13-1

项次	项目	允许偏差（mm）	检验方法
1	表面平整度	2	用 2m 靠尺和塞尺检查
2	接缝直线度	2	拉 5m 线，不足 5m 拉通线，用钢直尺检查
3	接缝高低差	1	用钢直尺和塞尺检查

6　成品保护

6.0.1　轻钢骨架及罩面板安装应注意保护顶棚内各种管线。轻钢骨架的吊杆、龙骨不得固定在通风管道及其他设备上。

6.0.2　轻钢骨架、罩面板及其他吊顶材料在入场存放、使用过程中严格管理，保证不变形、不受潮、不生锈。

6.0.3　施工顶棚部位已安装的门窗、已施工完毕的地面、墙面、窗台等应注意保护，防止污损。

6.0.4　已装轻钢骨架不得上人踩踏。其他工种吊挂件，不得吊于轻钢骨架上。

6.0.5　罩面板安装必须在棚内管道、试水、保温、设备安装调试等一切工序全部验收后进行。

6.0.6　安装装饰面板时，施工人员应戴线套，以防污染板面。

7　注意事项

7.1　应注意的质量问题

7.1.1　吊顶的轻钢骨架应吊在主体结构上，并应拧紧吊杆上下螺母，以控制固定标高；安装龙骨时应严格按防线的水平标准线和规方线组装周边骨架。受力点应装订严密、牢固，保证龙骨的整体刚度。龙骨的尺寸应符合设计要求。纵横向起拱度均匀，相互吻合。吊顶龙骨的吊杆也不得吊固在管线，设备的支撑架和吊杆上。

7.1.2　吊顶轻钢骨架在检查口，灯具口，通风口等处，应按图纸上的相应节点构造设置附加龙骨，附加龙骨连接用拉铆钉铆固。吊顶龙骨严禁有硬弯，如有发生必须调直后再进行安装。

7.1.3　施工前应弹线清楚，位置准确，中间按平线起拱。长龙骨的接长应采用对接；相邻龙骨接头要错开主龙骨挂件应在主龙骨两侧安装，避免主龙骨向一边倾斜。吊件必须安装牢固，严防松动变形。龙骨分格的几何尺寸必须符合设计要求和饰面板块的模数。龙骨安装完毕，应验收检查合格后再安装饰面板。

7.1.4　饰面板的品种、规格符合设计要求，质量必须符合现行国家材料技术标准的规定，不缺损、无污染。施工时注意板块规格，拉线找正，安装固定时保证平整、严密。

7.1.5　压缝条、压边条使用时应经选择，操作拉线找正后固定，确保平直、严密。

7.1.6　饰面板应按规格、颜色等进行分类选配，注意板块的色差，防止颜色不均的质量弊病。

7.1.7　大于3kg的重型灯具、电扇及其他重型设备严禁安装在吊顶的龙骨上。

7.2　应注意的安全问题

7.2.1　使用高凳、人字梯、活动架时，下脚应绑麻布或铺防滑垫。人字梯之间应加拉绳防滑。

7.2.2　使用脚手架时，脚手架搭设应符合国家有关规范的要求。脚手架上堆料量不得超过规定荷载，跳板应用钢丝绑扎固定，不得有探头板。顶棚高度超过3m应设脚手架，跳板下应安装安全网。

7.2.3　吊顶施工时，所使用的电器设备应遵守有关安全操作规程。

7.2.4　移动机具及电动工具应安装可靠的防漏电保护装置，做到一机一闸一保护。

7.2.5　进入现场必须戴安全帽，高空作业应系安全带。严禁穿拖鞋、高跟鞋、带钉易滑鞋或光脚进入现场。

7.2.6　作业场所应配备齐全、可靠的消防器材。作业场所不得存放易燃物品，并严禁吸烟或动用明火。

7.3　应注意的绿色施工问题

7.3.1　在施工过程中对于电锤等施工机具产生的噪声，施工人员应严格按工程确定的绿色施工措施进行控制。

7.3.2　废弃物按指定位置分类储存，集中处置。

7.3.3　施工后的废料应及时清理，做到工完料清场地清，坚持做好文明施工。

8　质量记录

8.0.1　龙骨、饰面板等材料的产品合格证书、性能检测报告、进场验收记录。

8.0.2　隐蔽工程检查验收记录。

8.0.3　施工记录。

8.0.4　整体面层吊顶工程检验批质量验收记录。

8.0.5　板块面层吊顶分项工程质量验收记录。

8.0.6　其他技术文件。

第 14 章　玻璃吊顶顶棚

本工艺标准适用于工业与民用建筑的玻璃顶棚的吊顶工程。

1　引用标准

《住宅装饰装修工程施工规范》GB 50327—2001；

《建筑内部装修防火施工及验收规范》GB 50354—2005；

《建筑工程施工质量验收统一标准》GB 50300—2013；

《建筑装饰装修工程施工质量验收规范》GB 50210—2018；

《建筑用轻钢龙骨》GB/T 11981—2008；

《施工现场临时用电安全技术规范》JGJ 46—2005；

《建筑施工高处作业安全技术规范》JGJ 80—2016；

《民用建筑工程室内环境污染控制规范》GB 50325—2010（2013 年局部修订）；

《建筑玻璃应用技术规程》JGJ 113—2015。

2　术语（略）

3　施工准备

3.1　作业条件

3.1.1　结构工程全部完工，经验收合格。屋面、楼地面防水已完并合格。

3.1.2　顶棚内各种管线及通风管道，都应安装完毕，且管道试水、打压已验收合格，并办理验收手续。确定好灯位、通风口及各种露明孔口位置。

3.1.3　顶棚内其他作业项目已经完成。

3.1.4　顶棚罩面板安装前，应做完墙、地湿作业工程。

3.1.5　供吊顶用的操作平台已搭设完成，经检查符合要求。

3.1.6　供吊顶用的材料已到现场或按现场要求加工成型，材料验收合格并经复试检验合格。

3.1.7　熟悉吊顶施工图和设计文件，对操作人员进行书面技术安全交底。

3.1.8　室内环境应干燥，湿度不大于 60%，通风良好，吊顶内四周墙面的各种孔洞已封堵完毕，抹灰已干燥。

3.2 材料及机具

3.2.1 龙骨：轻钢龙骨和铝合金龙骨、木龙骨等。木龙骨应为烘干、不易扭曲变形的红白松等树种制作而成。吊顶所使用龙骨的品种、规格和颜色应符合设计要求。材料应具有产品合格证、性能检测报告、进场验收记录和复验报告等。

3.2.2 饰面板材料：轻钢骨架胶合板基层玻璃吊顶通常采用3+3厚镜面（具体按装饰设计图纸）夹胶玻璃或钢化镀膜玻璃，规格按设计确定。基层胶合板按设计要求选用，通常为12mm厚，材料的品种、规格、质量应符合设计要求。玻璃吊顶必须用安全玻璃。应有产品合格证、进场验收记录和性能检测报告。

3.2.3 胶粘剂、防火剂、防腐剂等：胶粘剂一般按主材的性能选用玻璃胶，并应做相容性试验，质量符合要求后方可使用。防火剂一般按建筑物的防火等级选用防火涂料。胶粘剂、防火剂、防腐剂应有环保检测报告。

3.2.4 接触砖石、混凝土的木龙骨和预埋木砖应做防腐处理。所有木料都应做防火处理。

3.2.5 施工机具：电锯、无齿锯、手持式电钻、冲击电锤、电焊机、角磨机、拉铆枪、射钉枪、手锯、钳子、扳手、水准仪、靠尺、钢尺、水平尺、方尺、塞尺、线坠、螺钉旋具、锤子、装饰装修活动脚手架等。

4 操作工艺

4.1 工艺流程

弹吊顶水平标高线 → 画龙骨分档线 → 安装吊杆 → 安装边龙骨 →
安装主龙骨 → 安装次龙骨和横撑龙骨 → 防腐防火处理 → 安装基层板 →
安装玻璃板 → 压条安装 → 接缝打胶 → 清洁玻璃饰面

4.2 弹吊顶水平标高线

根据楼层标高0.5m水平线，顺墙高量至顶棚设计标高，沿墙四周弹顶棚标高水平线。

4.3 画龙骨分档线

按吊顶平面图，在混凝土顶板弹出大龙骨的位置。大龙骨一般从吊顶的中心位置向两边分，间距按设计要求，遇到梁和管道固定点大于设计和规程要求，应增加吊杆的固定点。

4.4 安装吊杆

4.4.1 吊杆应按设计要求设置。如设计无要求，一般用 $\phi8$ 钢筋制作。当吊杆长度超过1.5m时，一般用 $\phi10$ 钢筋制作，且安装时应设置反支撑。

4.4.2 吊杆的间距应视主龙骨的间距而定，一般为 900～1200mm。吊杆与主龙骨端部的距离不得大于 300mm。

4.4.3　在现浇钢筋混凝土楼板上安装吊杆时，可直接在楼板上打孔，固定直径为 8mm、长为 80mm 的膨胀螺栓，并与吊杆连接。

4.4.4　在装配时楼板上安装吊杆时，应在楼面或屋面未完前进行。安装时，应在确定的位置打孔并穿透楼板，设置 T 形吊杆。

4.4.5　在钢木屋架上安装吊杆时，吊杆应由设计确定，一般挂在檩条上。

4.4.6　在网架上安装吊杆时，吊杆应由设计确定，根据设计编制方案，吊杆应用固定卡具与弦杆连接，不得与弦杆焊接。

4.4.7　吊杆下部要焊接长度不小于 150mm 的螺栓，其套丝长度应大于 30mm，并根据标高拉水平线控制螺栓高度。

4.5　安装边龙骨

边龙骨的安装应按设计要求弹线，沿墙（柱）上的水平龙骨线把 L 形镀锌轻钢条用射钉固定在墙（柱）上，射钉间距应不大于吊顶次龙骨的间距。

4.6　安装主龙骨

主龙骨应吊挂在吊杆上。主龙骨间距 900～1000mm，主龙骨分不上人 UC38 小龙骨和上人 UC60 大龙骨两种。

4.6.1　主龙骨一般宜平行房间长向安装，同时应起拱，应按房间短向跨度的 1‰～3‰。主龙骨的悬臂段不应大于 300mm，否则应增加吊杆。

4.6.2　主龙骨的接长应采取对接，相邻龙骨的对接接头要相互错开。主龙骨挂好后应基本调平。

4.6.3　吊顶如设检修走道，应另设附加吊挂系统，用 10mm 的吊杆与长度为 1200mm 的∟45×5 角钢横担用螺栓连接，横担间距为 1800～2000mm，在横担上铺设走道，可以用 6 号槽钢两根间距 600mm，之间用 10mm 的钢筋焊接，钢筋的间距为 100mm，将槽钢与横担角钢焊接牢固，在走道的一侧设有栏杆；高度为 900mm 可以用∟50×4 的角钢做立柱，焊接在走道槽钢上，之间用 30×4 的扁钢连接。

4.7　安装次龙骨和横撑龙骨

4.7.1　按已弹好的次龙骨分档线，卡放次龙骨吊挂件。

4.7.2　吊挂次龙骨：次龙骨应紧贴主龙骨安装，按设计规定的次龙骨间距，将次龙骨通过吊挂件吊挂在主龙骨上，设计无要求时，一般间距为 450～600mm，但还应由面板规格确定。

4.7.3　用 T 形镀锌钢片连接件把次龙骨固定在主龙骨上时，次龙骨的两端应搭在 L 形边龙骨的水平翼缘上。

4.7.4　横撑龙骨应用连接件将其两段连接在通长龙骨上。明龙骨系列的横撑龙骨搭接处的间隙不得大于 1mm。

4.7.5 次龙骨之间的连接一般采用连接件连接，有些部位可采用抽芯铆钉连接。校正次龙骨的位置及平整度，连接件应错位安装。

4.7.6 跨度大于 12m 以上的吊顶，应在主龙骨上，每隔 12m 加一道大龙骨，并垂直主龙骨焊接牢固。

4.8　防腐、防火处理

4.8.1 顶棚内所有露明的铁件焊接处，安装玻璃板前必须刷好防锈漆。

4.8.2 木骨架与结构接触面应进行防腐处理，龙骨无需粘胶处，需刷防火涂料 2～3 遍。

4.9　安装基层板

4.9.1 龙骨安装完成并验收合格后，按基层板规格、拼缝间隙弹出分块线，然后从顶棚中间沿次龙骨的安装方向先装一行基层板，作为基准，再向两侧展开安装。

4.9.2 基层板应按设计要求选用。设计无要求时，宜用 12mm 厚胶合板。基层板按设计要求的品种、规格和固定方式进行安装。采用胶合板时，应在胶合板朝向吊顶内侧面满涂防火涂料，用自攻螺钉与龙骨固定，自攻螺钉中心距不大于 250mm。

4.10　安装玻璃板

4.10.1 面层玻璃应按设计要求的规格和型号选用。一般采用 3＋3 厚镜面夹胶玻璃或钢化镀膜玻璃。

4.10.2 先按玻璃板的规格在基层板上弹出分块线，线必须准确无误，不得歪斜、错位。

4.10.3 玻璃板螺钉固定：先用结构胶将玻璃粘贴固定，再用不锈钢装饰螺钉在玻璃四周固定。螺钉的间距、数量由设计定，但每块不得少于 4 个螺钉。玻璃上的螺钉孔应委托厂家加工，孔距玻璃边沿应大于 20mm，已防玻璃破裂。玻璃安装应尽快进行，不锈钢螺钉应对角安装。

4.10.4 玻璃板浮搁安装：浮搁法与龙骨配合使用，将玻璃面板斜成 45°放置在龙骨搭成的框内，板搭在龙骨上即可。

4.10.5 安装好的玻璃应平整、牢固，不得有松动现象。

4.11　压条安装

带密封的压条必须与玻璃全部贴紧，压条与型材的接缝应无明显缝隙，接头缝隙应不大于 1mm。橡胶条拐角八字切割整齐、黏结牢固。

4.12　接缝打胶

用密封胶填缝固定玻璃时，先用橡胶条或橡胶块将玻璃挤住，留出注胶空隙。注胶宽度和深度应符合设计要求，在胶固化前应保持玻璃不受振动。

4.13　清洁玻璃饰面

玻璃面板安装完后，应进行玻璃清洁工作，不得留有污痕。

5　质量标准

5.1　主控项目

5.1.1　吊顶标高、尺寸、起拱和造型应符合设计要求。

5.1.2　玻璃的品种、规格、色彩、图案、固定方法等必须符合设计要求和国家规范、标准的规定。

5.1.3　结构胶、密封胶的耐候性、粘结性必须符合国家现行的有关标准规定。

5.1.4　吊顶、龙骨和饰面材料的安装必须稳固、严密、无松动，饰面材料与龙骨、压条的搭接宽度应大于龙骨、压条受力面宽度的 2/3。

5.1.5　吊杆、龙骨的材质、规格、安装间距及连接方式应符合设计要求。金属吊杆、龙骨应经过表面防腐处理。木吊杆、龙骨应进行防腐、防火处理。

5.1.6　玻璃安装应做软连接，槽口处的嵌条和玻璃及框粘结牢固，填充密实。木骨架安装必须牢固，无松动，位置正确。

5.2　一般项目

5.2.1　玻璃表面的色彩、花纹应符合设计要求。镀膜面朝向应正确，表面花纹应整齐，图案排列应美观；镀膜应完整，无划痕、污染，周边无损伤，表面应洁净、光亮。

5.2.2　玻璃嵌缝缝隙应均匀一致，填充应密实、饱满，无外溢污染；槽口的压条、垫层、嵌条与玻璃应结合严密，宽窄均匀；裁口割向应准确，边缘应齐平；接口应吻合、严密、平整；金属压条镀膜应完整，无划痕，木压条漆膜应平滑、洁净、美观。

5.2.3　压花玻璃、图案玻璃的拼装颜色应均匀一致；图案应通顺、吻合、美观、接缝严密。

5.2.4　金属吊杆、龙骨的接缝应均匀一致，角缝应吻合，表面应平整，无翘曲、锤印。木吊杆、龙骨应顺直，无劈裂、变形。

5.2.5　吊顶内填充吸声材料的品种和铺设厚度应符合设计要求，并应有防散落措施。

5.2.6　玻璃面板吊顶工程安装的允许偏差和检验方法应符合表 14-1 的规定。

玻璃面板吊顶工程安装的允许偏差和检验方法　　　　表 14-1

项次	项目	允许偏差（mm）	检验方法
1	表面平整度	2	用2m靠尺和塞尺检查
2	接缝直线度	3	拉5m线，不足5m拉通线，用钢直尺检查
3	接缝高低差	1	用钢直尺和塞尺检查

6 成品保护

6.0.1 骨架、基层板、玻璃板等材料入场后，应存入库房码放整齐，上面不得压重物。露天存放必须进行遮盖，保证各种材料不受潮、霉变、变形。玻璃存放处应有醒目标志，并注意做好保护。

6.0.2 骨架及玻璃板安装时，应注意保护顶棚内各种管线及设备。吊杆、龙骨及饰面板不准固定在其他设备及管道上。

6.0.3 吊顶施工时，对已施工完毕的地、墙面和门、窗、窗台等应进行保护，防止污染、损坏。

6.0.4 不上人吊顶的骨架安装好后，不得上人踩踏。替他吊挂件或重物严禁安装在吊顶骨架上。

6.0.5 安装玻璃板时，作业人员宜戴干净线手套，以防污染板面，并保护手臂不被划伤。

6.0.6 玻璃饰面板安装完成后，应在吊顶玻璃上粘贴提示标签，防止损坏。

7 注意事项

7.1 应注意的质量问题

7.1.1 主龙骨安装完后应认真进行一次调平，调平后各吊杆的受力应一致，不得有松弛、弯曲、歪斜现象。并拉通线检查主龙骨的标高是否符合设计要求，平整度是否符合规范、标准的规定，避免出现大面积的吊顶不平整现象。

7.1.2 各种预留孔、洞处的构造应符合设计要求，节点应合理，以保证骨架的整体刚度、强度和稳定性。

7.1.3 顶棚的骨架应固定在主体结构上，骨架整体调平后吊杆的螺母应拧紧。顶棚内的各种管线、设备件不得安装在骨架上，以避免造成骨架变形、固定不牢现象。

7.1.4 饰面玻璃板应保证加工精度，尺寸偏差应控制在允许范围内。安装时应注意板块规格，并挂通线控制板块位置，固定时应确保四边对直，避免造成饰面玻璃板之间的隙缝不顺直、不均匀的现象。

7.2　应注意的安全问题

7.2.1　吊顶施工时，所使用的电器设备应遵守有管安全操作规程。

7.2.2　吊顶用脚手架应为满堂脚手架，搭设完毕后应经检查合格后方可使用。

7.2.3　施工中使用的各种工具（高梯、条凳等）、机具应符合相关规定要求，利于操作，确保安全。在高处作业时，上面的材料码放必须平稳、可靠，工具不得乱放，应放入工具袋内。

7.2.4　裁割玻璃应在房间内进行。边角余料要集中堆放，并及时处理。

7.2.5　人工搬运玻璃时应戴手套或垫上布、纸，散装玻璃运输必须采用专门夹具（架）。玻璃运抵现场后应直立堆放，不得水平摆放。

7.2.6　进入施工现场应戴安全帽，高空作业时应系安全带，严禁一手拿材料，另一手操作或攀扶上下。电、气焊工应持证上岗并配备防护用具。

7.2.7　施工时高处作业所用工具应放入工具袋内，地面作业工具应随时放入工具箱，严禁将铁钉含在口内。

7.2.8　使用电、气焊等明火作业时，应清楚周围及焊渣溅落区的可燃物，并设专人监护。

7.2.9　作业场所应配备齐全、可靠的消防器材。作业场所不得存放易燃物品，并严禁吸烟或动用明火。

7.3　应注意的绿色施工问题

7.3.1　在施工过程中对于电锤等施工机具产生的噪声，施工人员应严格按工程确定的绿色施工措施进行控制。

7.3.2　废弃物按指定位置分类储存，集中处置。

7.3.3　施工后的废料应及时清理，做到工完料净场地清，坚持做好文明施工。

8　质量记录

8.0.1　玻璃板等材料的产品合格证书、性能检查报告、进场验收记录和复验报告。

8.0.2　隐蔽工程检查验收记录。

8.0.3　整体面层吊顶工程检验批质量验收记录。

8.0.4　板块面层吊顶分项工程质量验收记录。

8.0.5　其他技术文件。

第15章 格栅吊顶顶棚

本工艺标准适用于工业与民用建筑的格栅吊顶顶棚的吊顶工程。

1 引用标准

《住宅装饰装修工程施工规范》GB 50327—2001；

《建筑内部装修防火施工及验收规范》GB 50354—2005；

《建筑工程施工质量验收统一标准》GB 50300—2013；

《建筑装饰装修工程施工质量验收规范》GB 50210—2018；

《建筑用轻钢龙骨》GB/T 11981—2008；

《施工现场临时用电安全技术规范》JGJ 46—2005；

《建筑施工高处作业安全技术规范》JGJ 80—2016；

《民用建筑工程室内环境污染控制规范》GB 50325—2010（2013 年局部修订）。

2 术语（略）

3 施工准备

3.1 作业条件

3.1.1 结构工程全部完工，屋面防水、楼地面防水、墙面抹灰也已完工，经验收合格。

3.1.2 顶棚内各种管线及通风管道，都应安装完毕，且管道试水、打压已验收合格，并办理隐蔽验收手续。

3.1.3 各种材料全部配套备齐，材料进场已验收并按规定复检且合格。

3.1.4 供吊顶用的材料和机具、工具已到现场或按现场要求加工成型。

3.1.5 搭好顶棚施工操作手台架子并验收。

3.1.6 熟悉吊顶施工图和设计文件，并向施工人员进行技术安全交底。

3.2 材料及机具

3.2.1 轻钢骨架分 U 形骨架和 T 形骨架两种，并按荷载分上人和不上人两种。

3.2.2 配件有吊挂件、连接件、挂插件。零配件有吊杆、花篮螺栓、射钉、自攻螺钉。

3.2.3　格栅按设计要求选用，材料的品种、规格、质量应符合设计要求。

3.2.4　主要机具：电锯、射钉枪、手锯、手刨子、钳子、螺钉旋具、扳手、方尺、钢尺、钢水平尺、冲击电钻、切割机、激光水准仪、注水软管、装饰装修活动脚手架等。

4　操作工艺

4.1　工艺流程

弹顶棚标高水平线 → 画龙骨分档线 → 安装吊杆 → 主龙骨安装 →

弹簧片安装 → 格栅主副骨组装 → 防腐防火处理 → 格栅安装

4.2　弹顶棚标高水平线

在室内墙、柱面引测 0.5m 标高控制线，根据楼层标高水平线，用尺竖向量至顶棚设计标高，沿墙、往四周弹顶棚标高水平线。

4.3　画龙骨分档线

按吊顶平面图在混凝土顶板弹出主龙骨的位置。主龙骨应从吊顶中心向两边分，最大间距为 1000mm，并标出吊杆的固定点，吊杆的固定点间距 900～1000mm。如遇到梁和管道固定点大于设计和规程要求，应增加吊杆的固定点。

4.4　安装吊杆

采用膨胀螺栓固定吊杆。可以采用 $\phi6$ 的吊杆。吊杆可以采用冷拔钢筋和盘圆钢筋，但采用盘圆钢筋应采用机械将其拉直。吊杆的一端同 ∟ 30×30×3 角码焊接，角码的孔径应根据吊杆和膨胀螺栓的直径确定。另一端可以用攻丝套出大于 100mm 的丝杆，也可以买成品丝杆焊接。制作好的吊杆应做防锈处理，吊杆用膨胀螺栓固定在楼板上，用冲击电锤打孔，孔径应稍大于膨胀螺栓的直径。

4.5　主龙骨安装

4.5.1　主龙骨可用轻钢龙骨和木龙骨，轻钢龙骨应吊挂在吊杆上，木龙骨用用 $\phi6$、$\phi8$ 螺栓固定在吊杆上。主龙骨间距 900～1000mm，平行房间长向安装，同时应适当起拱，起拱高度应按房间短向跨度的 1‰～3‰。

4.5.2　主龙骨的悬臂段不应大于 300mm，否则应增加吊杆。

4.5.3　主龙骨的接长应采取对接，相邻龙骨的对接接头要相互错开。

4.5.4　龙骨安装时，要调平，但超过 4m 跨度或较大面积的吊顶安装，要适当起拱。跨度大于 15m 以上的吊顶，应在主龙骨上，每隔 15m 加一道大龙骨，并垂直主龙骨焊接牢固。

4.6　弹簧片安装

用吊杆与轻钢龙骨连接，如吊顶较低可以将弹簧片直接安装在吊杆上省略掉上道工序，间距 900～1000mm，再将弹簧片卡在吊杆上。

4.7　格栅主副骨组装

格栅主副骨组装：将格栅的主副骨在地面按设计图纸的要求预装好。

4.8　防腐、防火处理

4.8.1　顶棚内所有露明的铁件焊接处，必须刷好防锈漆。

4.8.2　木骨架与结构接触面应进行防腐处理，龙骨无需粘胶处，需刷防火涂料 2～3 遍。

4.9　格栅安装

合理确定灯位、风口、检查口等的位置，避免与格栅碰撞；将预装好的格栅用吊钩穿在主骨孔内吊起，将整栅的吊顶连接后，调整至水平。

5　质量标准

5.1　主控项目

5.1.1　吊顶标高、尺寸、起拱和造型应符合设计要求。

5.1.2　格栅的材质、品种、规格、图案和颜色应符合设计要求。

5.1.3　吊顶工程的吊杆、龙骨和格栅安装必须牢固。

5.1.4　吊杆、龙骨的材质、规格、安装间距及连接方式应符合设计要求。金属吊杆、龙骨应经过表面防腐处理。

5.2　一般项目

5.2.1　格栅表面应洁净、色泽一致，不得有翘曲、裂缝及缺损。压条应平直、宽窄一致。

5.2.2　格栅上的灯具、烟感器、喷淋头、风口算子等设备的位置应合理、美观，与格栅交界处的处理吻合美观。

5.2.3　金属吊杆、龙骨的接缝应均匀一致，角缝应吻合，表面应平整，无翘曲、锤印。

5.2.4　吊杆、木龙骨应顺直，无劈裂、变形。

5.2.5　格栅吊顶内楼板、管道设备等饰面处理应符合设计要求。

5.2.6　格栅吊顶安装的允许偏差和检验方法应符合表 15-1 和表 15-2 的规定。

金属格栅吊顶工程安装的允许偏差和检验方法　　　　　　　　　　　　表 15-1

项次	项目	允许偏差（mm）	检验方法
1	表面平整度	2	用 2m 靠尺和塞尺检查
2	接缝直线度	2	拉 5m 线，不足 5m 拉通线，用钢直尺检查

项次	项目	允许偏差（mm）	检验方法
1	表面平整度	3	用 2m 靠尺和塞尺检查
2	接缝直线度	3	拉 5m 线，不足 5m 拉通线，用钢直尺检查

6　成品保护

6.0.1　格栅安装应注意保护顶棚内各种管线。骨架的吊杆、龙骨不准固定在通风管道及其他设备上。

6.0.2　骨架、木饰面板及其他吊顶材料在入场存放、使用过程中严格管理，板上不宜放置其他材料，保证板材不受潮、不变形。

6.0.3　格栅严禁受撞击、冲击，以免造成损坏。

6.0.4　检修口处应做好加固处理，检修时应小心，不可损坏检修口或其他部位吊顶。

6.0.5　吊顶施工时，对已完的地面、墙面、窗户等采取保护措施，防止污染损坏。

6.0.6　已装骨架不得上人踩踏。

6.0.7　安装重型灯具、电扇及其他设备时应注意成品保护，不得污染或破坏吊顶。

6.0.8　安装格栅时，施工人员应戴线手套，防止污染饰面板。

7　注意事项

7.1　应注意的质量问题

7.1.1　施工时应认真操作，检查各吊点的紧挂程度，并拉通线检查标高与平整度是否符合设计要求和规范标准的规定。

7.1.2　吊顶轻钢骨架在留洞、灯具口、通风口等处，应按图纸上的相应节点构造设置龙骨及连接件，使构造符合图纸上的要求，保证吊挂的刚度。

7.1.3　顶棚的轻钢骨架应吊在主体结构上，并应拧紧吊杆螺母，以控制固定设计标高；顶棚内的管线、设备件不得吊固在轻钢骨架上。

7.1.4　施工时应注意格栅规格，安装固定时拉线找正，控制板缝间隙，保证其平整对直。

7.2　应注意的安全问题

7.2.1　使用高凳、人字梯时，下脚应绑麻布或铺防滑垫。人字梯之间，应加拉绳防滑。

7.2.2　使用脚手架时，脚手架搭设应符合国家有关规范的要求。脚手架上堆料量不得超过规定荷载，跳板应用钢丝绑扎固定，不得有探头板。顶棚高度超过 3m 应设脚手架，跳板下应安装安全网。

7.2.3　吊顶施工时，所使用的电器设备应遵守相关安全操作规程。

7.2.4　移动机具及电动工具应安装可靠的防漏电保护装置，做到一机一闸一保护。

7.2.5　进入现场必须戴安全帽，高空作业应系安全带。严禁穿拖鞋、高跟鞋、带钉易滑或光脚进入现场。

7.2.6　作业场所应配备齐全、可靠的消防器材。作业场所不得存放易燃物品，并严禁吸烟或动用明火。

7.3　应注意的绿色施工问题

7.3.1　在施工过程中对于电锤等施工机具产生的噪声，施工人员应严格按工程确定的绿色施工措施进行控制。

7.3.2　废弃物按指定位置分类储存，集中处置。

7.3.3　施工后的废料应及时清理，做到工完料清场地清，坚持做好文明施工。

8　质量记录

8.0.1　格栅等材料的产品合格证书、性能检查报告、进场验收记录。

8.0.2　隐蔽工程检查验收记录。

8.0.3　施工记录。

8.0.4　格栅吊顶工程检验批质量验收记录。

8.0.5　其他技术文件。

第3篇 轻质隔墙

第16章 轻钢龙骨石膏板隔墙

本工艺标准适用于房屋建筑中轻钢龙骨石膏板隔墙工程。

1 引用标准

《民用建筑隔声设计规范》GB 50118—2010；
《建筑装饰装修工程质量验收标准》GB 50210—2018；
《建筑节能工程施工质量验收规范》GB 50411—2007；
《建筑用轻质隔墙条板》GB/T 23451—2009；
《建筑工程施工质量验收统一标准》GB 50300—2013；
《住宅室内装饰装修工程质量验收规范》JGJ/T 304—2013。

2 术语

2.0.1 轻钢龙骨石膏板隔墙

以冷轧钢板（带），镀锌钢板（带）或彩色涂层钢板（带）为原料，采用冷弯工艺生产的薄壁型钢做的龙骨。面板是以脱硫建筑石膏为主要原料，掺入适量纤维、增强材料和外加剂等，在与水搅拌后，浇筑于护面纸的面纸与背纸之间，并与护面纸牢固地粘在一起的建筑板材。

3 施工准备

3.1 作业条件

3.1.1 图纸深化设计完成。

3.1.2 专项施工方案及技术安全交底通过审批。

3.1.3 主体结构已经验收，屋面防水已做完。

3.1.4 室内已弹出 0.5m 标高线和墙轴线、墙边控制线、门窗洞口线及排版图。

3.1.5 施工环境温度在 5℃ 以上。

3.1.6 整体面层的地面已经完工并验收，板块面层的地面垫层已做完，管道试水、打压检验合格。

3.1.7 按设计要求配备材料，且进场验收合格。

3.1.8 先做样板墙一道，经验收合格后方可展开施工。

3.2 材料及机具

3.2.1 轻钢龙骨：50 系列、75 系列、100 系列、150 系列及相应的配件应按设计要求选用，应符合现行国家标准的规定。

3.2.2 罩面石膏板：分为普通纸面石膏板、耐水石膏板和耐火石膏板，应符合设计要求和国家现行有关标准的规定。

3.2.3 紧固材料：射钉、膨胀螺栓、沉头镀锌自攻螺钉（单层 12mm 厚石膏板用 25mm 长螺钉，双层 12mm 厚石膏板用 35mm 长螺钉）、木螺钉等，应符合深化设计及施工方案要求。

3.2.4 填充材料：玻璃棉、矿棉板、岩棉板等，应按设计要求选用。

3.2.5 接缝材料：

1 接缝腻子：抗压强度应大于 3.0MPa，抗折强度应大于 1.5MPa，终凝时间应大于 0.5h。

2 接缝带（布）：采用专用纤维接缝带，或采用的确良布裁成接缝带。宽度为 50mm 的用于平缝，宽度为 200mm 的用于阴阳角处。

3 胶粘剂：选用水溶性成品胶粘剂，使用前应做试验确定掺入量。

3.2.6 机具：壁纸刀、切割机、自攻钻、射钉枪、直流电焊机、电锤、刮刀、线坠、靠尺等。

4 操作工艺

4.1 工艺流程

弹线分档 → 做踢脚座 → 固定沿顶、沿地龙骨 → 固定边框龙骨 →

安装龙骨 → 安装单面罩面板 → 管线敷设及预埋预留 →

填充材料、安装另一面罩面板 → 接缝及护角处理

4.2 弹线分档

先在隔墙与基体的上、下及两边相接处，按龙骨的宽度弹线。然后，按设计要求结合罩面板的长、宽分档，以确定竖向龙骨、横撑及附加龙骨的位置。

4.3 做踢脚座

一般用细石混凝土做踢脚座，其高度为 120～150mm。当设计有要求时，按设计做踢脚座。

4.4　固定沿顶、沿地龙骨

可用射钉或膨胀螺栓沿弹线位置固定沿顶、沿地龙骨，固定点间距不应大于600mm。

4.5　固定边框龙骨

沿弹线位置固定边框龙骨，龙骨的端部应固定，固定点间距不应大于 1m。边框龙骨与基体之间，应按设计要求安装密封条。

4.6　安装龙骨

先安装竖向龙骨，同时应将门窗洞口的位置预留出来，然后再安装横向支撑龙骨。

4.6.1　安装竖向龙骨：应按弹出的控制线对竖向龙骨的位置和垂直度进行控制，其间距按深化设计要求或施工方案布置。当设计无要求时，可根据板宽确定间距，如板宽为 900mm 或 1200mm 时，其间距可为 453mm 或 603mm。

4.6.2　安装横向支撑龙骨：一般可选用支撑系列龙骨进行安装。先将支撑卡安装在竖向龙骨的开口上，卡距为 400～600mm，与龙骨两端的距离为 20～25mm。如选用通贯水平系列龙骨，低于 3m 的隔墙安装一道，3～5m 的隔墙安装两道，5m 以上的隔墙安装三道。

4.6.3　安装门窗洞口龙骨：可采用专用的门窗洞口龙骨进行组合安装，安装完应在其节点处增设附加龙骨，将周边加固。具体按设计要求进行设置。

4.7　安装单面罩面板

4.7.1　石膏罩面板宜竖向铺设，长边（即包封边）接缝应落在竖龙骨上。曲面墙所用龙骨宜横向铺设，安装时，先将石膏板的面纸和底纸湿润 1h，再将曲面板的一端固定，然后轻轻地逐渐向板的另一端用力对着龙骨处固定，直至完成曲面。

4.7.2　石膏罩面板用自攻螺钉固定时，石膏板周边的螺丝钉间距为 200～250mm，中间部分的螺钉间距不应大于 300mm，螺钉与板边缘的距离为 10～16mm。安装时，应从板的中部向板的四边固定，钉头宜沉入板内，但不应损坏纸面，钉眼处应涂防锈漆，用接缝石膏磨平。

4.7.3　隔墙端部的石膏板与周围的墙或柱之间应留有 3mm 的槽口。施工时，先在槽口处加注嵌缝膏，然后铺板挤压嵌缝膏，使其和相邻墙柱表面紧密结合。

4.8　管线敷设及预埋预留

在安装龙骨的同时，应按设计要求将所需管线敷设到位；所需设备应预埋预留妥当，并采取局部加强措施将其固定牢固。管线敷设及预埋预留应在另一面罩面板安装前完成。

4.9 填充材料、安装另一面罩面板

墙体内的填充材料一般有玻璃棉、矿棉、岩棉等，应按设计要求选用。填充时，应填满铺平，并与另一面罩面板的安装同时进行。另一面罩面板的安装方法，与本标准 4.7 条的方法相同。

4.10 接缝及护角处理

4.10.1 纸面石膏板墙接缝做法有平缝、凹缝和压条缝三种。一般采用平缝较多，可按以下方法处理。

1 安装纸面石膏板时，其接缝处应适当留缝（一般为 3～6mm），并做到坡口与坡口相接。将缝内浮土清除干净后，刷一道用水稀释的胶粘剂溶液。

2 用开刀将接缝腻子嵌入板缝，与坡口刮平。腻子终凝干透后，在接缝处再刮约 1mm 厚的腻子，然后粘贴接缝带，同时用开刀从上向下按一个方向压实刮平，使多余的腻子从接缝带的网孔中挤出。

3 待底层腻子凝固而尚处于潮湿时，用大开刀再刮一道腻子，将接缝带埋入腻子层中，并将板缝填满刮平。

4.10.2 阴角的接缝处理方法同平缝，但接缝带应拐过两边各 100mm。

4.10.3 阳角处理方法：

1 阳角应粘贴两层接缝带，且两边均拐过 100mm，粘贴方法与平缝相同，表面用腻子刮平。

2 当设计要求做金属护角条时，应按设计要求的部位、高度先刮一层腻子，然后固定金属护角条。

5 质量标准

同一品种隔墙工程每 50 间（大面积房间和走廊按轻质隔墙的墙面 30m² 为一间）分为一检验批，不足 50 间也划为一个检验批。每个检验批至少抽查 10％，并不少于 3 间。不足 3 间应全数检查。

5.1 主控项目

5.1.1 骨架隔墙所用龙骨、配件、墙面板、填充材料及嵌缝材料的品种、规格、性能和木材的含水率应符合设计要求。有隔声、隔热、阻燃、防潮等特殊要求的工程，材料应有相应性能等级的检测报告。

检验方法：观察、检查产品合格证书、进场验收记录、性能检测报告和复验报告。

5.1.2 骨架隔墙地梁所用材料、尺寸及位置等应符合设计要求。骨架隔墙的沿地、沿顶及边框龙骨应与基体结构连接牢固。

检验方法：手扳检查；尺量检查；检查隐蔽工程验收记录。

5.1.3 骨架隔墙中的龙骨间距和构造连接方法应符合设计要求。骨架内设备管线的安装、门窗洞口等部位加强龙骨的安装应牢固、位置正确。填充材料的品种、厚度及设置应符合设计要求。

检验方法：检查隐蔽工程验收记录。

5.1.4 木龙骨及木墙面板的防火和防腐处理应符合设计要求。

检验方法：检查隐蔽工程验收记录。

5.1.5 骨架隔墙的墙面板应安装牢固，无脱层、翘曲、折裂及缺损。

检验方法：观察、手扳检查。

5.1.6 墙面板所用接缝材料的接缝方法应符合设计要求。

检验方法：观察、检查产品合格证书和施工记录。

5.2 一般项目

5.2.1 骨架隔墙表面应平整光滑、色泽一致、洁净、无裂缝，接缝应均匀、顺直。

检验方法：观察；手摸检查。

5.2.2 骨架隔墙上的孔洞、槽、盒应位置正确、套割吻合、边缘整齐。

检验方法：观察。

5.2.3 骨架隔墙内的填充材料应干燥，填充应密实、均匀，无下坠。

检验方法：观察。

5.2.4 罩面石膏板隔墙安装的允许偏差应符合表 16-1 的规定。

罩面石膏板隔墙安装的允许偏差 表 16-1

项目	允许偏差（mm）	检验方法
立面垂直度	3	用 2m 垂直检测尺检查
表面平整度	3	用 2m 靠尺和塞尺检查
阴阳角方正	3	用 200mm 直角检查尺检查
接缝高低差	1	用钢直尺和塞尺检查

6 成品保护

6.0.1 骨架隔墙施工中，各工种之间应保证已安装项目不被损坏，墙内电线管及附墙设备不被碰动、错位及损伤。

6.0.2 轻钢龙骨及纸面石膏板进场后，在存放和使用过程中应妥善保管，并有防变形、防受潮、防污染、防损坏的有效措施。

6.0.3 在已安装的门窗和已做完的地面、墙面、窗台等处施工隔墙时，应注意保护，防止损坏。

6.0.4　不得碰撞已安装好的墙体，保持墙面不受损坏和污染。

7　注意事项

7.1　应注意的质量问题

7.1.1　墙面板横向接缝位置如不在沿顶、沿地龙骨上，应增加横撑龙骨固定板缝。

7.1.2　安装墙面板前，严格检查、验收其厚度，以免薄厚不均；安装时，应严格控制接缝高低差，并保持平直，以免安装完的罩面板出现错台现象。

7.1.3　龙骨架两侧面的石膏板以及底板与面板应错缝排列，接缝不应落在一根龙骨上。

7.1.4　石膏板宜使用整块板。如需对接，在接缝处应增设水平或竖向龙骨，板的接头处应紧靠在一起，但不得强压就位。

7.1.5　安装防水墙石膏板时，石膏板不得固定在沿顶、沿地龙骨上，应另设横撑龙骨加以固定。

7.1.6　隔墙板的下端如采用木踢脚覆盖，罩面板应离地面 10～15mm；如采用大理石或水磨石踢脚板，罩面板下端应与踢脚座上口齐平。

7.1.7　超过 12m 长的墙体应按设计要求做变形缝，以免因刚度不足或温差过大而引起变形和裂缝。

7.1.8　安装各种管线、设备时，应避免切断横竖龙骨。

7.2　应注意的安全问题

7.2.1　移动机具及电动工具应安装可靠的防漏电保护装置，并做到一机一闸一保护，且由专人负责使用和保管。

7.2.2　电锯应设防护罩，由两人相互配合操作。

7.2.3　使用人字高凳时，其下脚应钉防滑橡皮垫，两脚之间应设拉绳。在靠近外窗附近操作时，应戴好安全帽、系好安全带。

7.2.4　使用射钉枪时，应安设专用防护罩；操作人员向上射钉时，应戴好防护眼镜。弹药应妥善保管，以免丢失。

7.3　应注意的绿色施工问题

7.3.1　切割龙骨、石膏板时应封闭，并尽量在白天作业，以减少噪声与扬尘污染。

7.3.2　做到工完场清，垃圾及时装袋清运，集中消纳。

7.3.3　施工现场工完场清，设专人洒水，打扫，不能扬尘污染环境。

8　质量记录

8.0.1　石膏板、轻钢龙骨等材料的产品合格证书、性能检测报告、进场验收记录和复验报告。

8.0.2　隔声、隔热、阻燃、防潮等材料性能等级检测报告。

8.0.3　隐蔽工程检查验收记录。

8.0.4　施工记录。

8.0.5　骨架隔墙工程检验批质量验收记录。

8.0.6　骨架隔墙分项工程质量验收记录。

8.0.7　其他技术文件。

第17章 增强石膏空心条板隔墙

本工艺标准适用于中、低档非承重石膏空心条板隔墙工程，不适用于厨房、卫生间等湿度较大的房间及净高大于4m的隔墙工程。

1 引用标准

《民用建筑隔声设计规范》GB 50118—2010；
《建筑装饰装修工程质量验收标准》GB 50210—2018；
《建筑节能工程施工质量验收规范》GB 50411—2007；
《建筑用轻质隔墙条板》GB/T 23451—2009；
《建筑工程施工质量验收统一标准》GB 50300—2013；
《住宅室内装饰装修工程质量验收规范》JGJ/T 304—2013。

2 术语

2.0.1 石膏空心条板

石膏空心条板是石膏板的一种，以建筑石膏为基材，掺以无机轻集料，无机纤维增强材料而制成的空心条板。主要用于建筑的非承重内墙，其特点是无需龙骨。

3 施工准备

3.1 作业条件

3.1.1 结构及屋面防水层已施工完并验收，室内已弹出0.5m标高线、墙轴线、墙边控制线、门窗洞口线及排版图。

3.1.2 施工环境温度不低于5℃。

3.1.3 正式安装前，先做样板墙一道，经验收合格后才可展开施工。

3.2 材料及机具

3.2.1 增强石膏空心条板：有标准板、门框板、窗框板、门上板、窗上板、窗下板及异形板。标准板适用于一般隔墙，其他板按工程设计确定的规格进行加工。板的规格及技术指标如下：

1 规格：普通住宅用的板，长（L）2400～3000mm，宽（B）590～595mm，厚（H）60mm、90mm；公用建筑用的板，长（L）2400～3900mm，宽（B）590～

595mm，厚（H）90mm。

2 技术指标：密度小于等于 $55kg/m^2$；抗弯荷载大于或等于 1.8G（G 为板材重量，单位为 N）；单点吊挂力大于或等于 800N；料浆抗压强度大于或等于 7MPa。

3.2.2 胶粘剂：可用 SG791 建筑胶粘剂，也可用专用石膏胶粘剂，但应经试验确认可靠后才能使用。

3.2.3 建筑石膏粉：应符合三级以上标准。

3.2.4 接缝带（布）：选用专用纤维接缝带，或采用的确良布裁成接缝带。宽度为 50mm 的用于平缝，宽度为 200mm 的用于阴阳角处。

3.2.5 石膏腻子：抗压强度大于 2.5MPa，抗折强度大于 1.0MPa，粘结强度大于 2MPa，终凝时间为 3h。

3.2.6 机具：木工手锯、刷子、开刀、专用撬棍、射钉枪、橡皮锤、木楔、电钻、扁铲、2m 靠尺、2m 托线板、钢卷尺、线坠、电焊机等。

4 施工工艺

4.1 工艺流程

放线分档及配板 → 安装隔墙板 → 管线敷设及吊杆安装 → 安装门窗框 → 板缝处理 → 板面装修

4.2 放线分档及配板

4.2.1 放线分档前，先将空心条板与顶面、地面、墙面等结合处的浮灰清理干净，并找平。然后在顶面、地面、墙面处按设计要求弹出隔墙线及门窗洞口边线，并按板宽分档。

4.2.2 配板时，板的长度应按楼面结构层净高尺寸减 20～30mm，按设计要求并结合量测的门窗上部、窗口下部隔墙尺寸进行配板，预先将板拼接或锯窄，组成合适的宽度。

4.3 安装隔墙板

4.3.1 当有抗震设防时，应按设计要求用 U 形钢板卡固定条板的顶端，即在两块条板之间用射钉将缝之间用射钉将 U 形钢板卡固定在梁或板上，随安装随固定钢板卡。

4.3.2 安装前先配制胶粘剂，即将 SG791 按 1∶0.6～1∶0.7（重量比）配制好。胶黏剂的配制量，以一次不超过 20min 内使用完的量为宜。配制好的超过 30min 的胶黏剂不得再使用。

4.3.3 隔墙板的安装应从与墙的结合处或从门洞边开始。先将板侧浮灰清刷干净，然后在拼合处刷 SG791 胶液一道，紧跟着满刮 SG791 胶泥，按弹线位置安装就位。随后用木楔顶在板底处，再用手平推隔板，使板缝冒浆，同时一人用特制撬棍在板底部向上顶，另一人打木楔，使隔板挤紧顶实，然后用开刀将挤出的胶粘剂刮平，其他隔墙板的安装方法以此类推。

4.3.4　在安装过程中，应随时用 2m 靠尺和塞尺检测墙面的平整度及垂直度，发现误差超标应及时校正。粘结完毕的墙体，应在 24h 以后用 C20 干硬性细石混凝土将板下口堵严，待混凝土强度达到 10MPa 以上时，方可撤除板下木楔，木楔处也用同强度等级的干硬性砂浆填实。

4.4　管线敷设及吊杆安装

4.4.1　敷设管线时，应按设计要求找准位置、画出定位线，将电线管穿在板孔内，再按设计要求开孔安置线盒。开孔时，应先用电钻成孔，然后用扁铲扩孔，孔的大小应适中且方正，将其四周灰渣清理干净后，刷 SG791 胶液一道，再用 SG791 胶泥稳住接线盒。

4.4.2　安装水暖、煤气管道卡子时，先按设计要求找准标高和竖向位置，并画出管卡定位线，然后在隔墙板上钻孔扩孔，将孔内灰渣清理干净，刷 SG791 胶液一道，再用 SG791 胶泥将管卡固定牢。

4.4.3　安装吊杆时，先在隔墙板上钻孔扩孔，再将孔内灰渣清理干净，刷 SG791 胶液一道，用 SG791 胶泥固定吊杆埋件。待其干透后再吊挂设备，每块板上可设 2 个吊杆，每个吊杆吊重不得大于 80kg。

4.5　安装门窗框

一般采用先留门窗洞口、后安门窗框的方法。门窗框周边应选用专用板，其板边应设固定埋件。木门窗框用 L 形连接件连接，一端用木螺丝与木框连接，另一端与门窗口板中预埋件焊接。

门窗框与门窗口板之间的缝隙超过 3mm 时，应采取加木垫片过渡的方法，即将缝隙浮灰清理干净，先刷 SG791 胶液一道，再用胶泥嵌缝。

4.6　板缝处理

在隔墙板安装完 10 天后，开始检查所有缝隙是否黏结良好、有无裂缝。如出现裂缝，应查明原因进行妥善修补，先将已粘结良好的板缝上的浮灰清理干净，然后刷 SG791 胶液再粘贴 50mm 宽的接缝带；在隔墙的阴阳角处粘贴接缝带一层，宽为 200mm，每边各 100mm 宽。干后刮 SG791 胶泥，略低于板面。

4.7　板面装修

4.7.1　一般居室墙面可直接用石膏腻子刮平及打磨各两遍后做饰面层。

4.7.2　当设计为水泥砂浆或水磨石踢脚板时，应先刷一道胶液，然后再做踢脚线；当设计为塑料或木踢脚板时，可不刷胶液，直接钻孔打入木楔，再用钉子将其固定在隔墙板上。

4.7.3　墙面粘贴瓷砖时，应提前将隔墙板面打磨平整。为加强黏结，先刷50％的 SG791 胶水一道，再用 SG840 胶调水泥粘贴瓷砖。

5　质量标准

同一品种隔墙工程每 50 间（大面积房间和走廊按轻质隔墙的墙面 30m² 为一间）分为一检验批，不足 50 间也划为一个检验批。每个检验批至少抽查 10％，并不少于 3 间。不足 3 间应全数检查。

5.1　主控项目

5.1.1　隔墙板材的品种、规格、性能、颜色应符合设计要求。有隔声、隔热、阻燃、防潮等特殊要求的工程，板材应有相应性能等级的检测报告。

检查方法：观察、检查产品合格证书、进场验收记录和性能检测报告。

5.1.2　安装隔墙板材所用预埋件和连接件的位置、数量、连接方法应符合设计要求。

检查方法：观察、检查产品合格证书、隐蔽工程验收记录。

5.1.3　隔墙板材安装必须牢固。

检查方法：观察、手扳检查。

5.1.4　隔墙板材所用接缝材料的品种及接缝方法应符合设计要求。

检查方法：观察、检查产品合格证及施工记录。

5.1.5　门窗洞与门窗口板之间用电焊连接时，焊缝高度和长度应符合设计要求。焊缝表面应平整，无烧伤、凹陷、焊瘤、裂纹、咬边、气孔和夹渣等缺陷，其焊点表面应低于板面 3mm。

检查方法：观察、性能检测报告。

5.2　一般项目

5.2.1　隔墙板材安装应垂直、平整、位置正确，板材不应有裂缝或缺损。

检查方法：观察、尺量、检查产品合格证书。

5.2.2　板材隔墙表面应平整光滑、色泽一致、洁净，接缝应均匀、顺直。

检查方法：观察、尺量、检查产品合格证书。

5.2.3　隔墙上的孔洞、槽、盒应位置正确、套割方正、边缘整齐。

检查方法：观察、尺量。

5.2.4　石膏空心条板隔墙安装的允许偏差应符合表 17-1 的规定。

石膏空心条板隔墙安装的允许偏差　　　　表 17-1

项目	允许偏差（mm）	检验方法
立面垂直度	3	用 2m 垂直检测尺检查
表面平整度	3	用 2m 靠尺和塞尺检查

续表

项目	允许偏差（mm）	检验方法
阴阳角方正	3	用 200mm 直角检查尺检查
接缝高低差	2	用钢直尺和塞尺检查

6　成品保护

6.0.1　施工中各专业工种之间应相互配合，紧密合作，隔墙板粘结后 12h 内不得碰撞敲打，也不得进行下道工序的施工。

6.0.2　安装埋件时，宜采取先用电钻钻孔，再用扁铲扩孔的方法，严禁剔凿。刮完腻子的隔墙，也不应进行任何剔凿。

6.0.3　在施工楼地面时，应采取遮挡措施，防止砂浆污染隔墙板。

6.0.4　严防运输小车等碰撞隔墙板及门口。

6.0.5　增强石膏空心条板在搬运中应轻拿轻放，并采取侧抬侧立、互相绑牢的方法进行保护，不得平抬、平放。堆放处应平整，下垫 100mm×100mm 木方，垫木距板两端各为 0.5m，露天放时应有防雨设施。

7　注意事项

7.1　应注意的质量问题

7.1.1　增强石膏空心条板应采用烘干的、基本完成收缩变形的产品。

7.1.2　增强石膏空心条板及其配件、辅助材料均应分类存放，并挂牌标记。胶粘粉材料应储存于干燥处。

7.1.3　一般使用的胶粘剂为聚醋酸乙烯胶粘剂，不得使用 108 胶作胶粘剂。

7.1.4　所有管线必须顺石膏板板孔方向铺设，严禁横铺或斜铺。

7.2　应注意的安全问题

7.2.1　施工所用各种电气设备应安装可靠的防漏电保护装置，并做到一机一闸一保护，由专人负责使用保管。

7.2.2　电锯应设防护罩，由两人相互配合操作。

7.2.3　使用高凳时，其下脚应钉防滑橡皮垫，两腿之间应设拉绳。在靠近外窗附近操作时戴好安全帽、系好安全带。

7.3　应注意的绿色施工问题

7.3.1　切割板材时应封闭，并尽量在白天作业，以减少噪声与扬尘污染。

7.3.2　做到工完场清，垃圾及时装袋清运，集中消纳。

7.3.3　施工现场工完场清，设专人洒水，打扫，不能扬尘污染环境。

8　质量记录

8.0.1　隔墙板等材料的产品合格证书、性能检测报告、进场验收记录和复验报告。

8.0.2　隔声、隔热、阻燃、防潮等材料性能等级检测报告。

8.0.3　隐蔽工程检查验收记录。

8.0.4　施工记录。

8.0.5　板材隔墙工程检验批质量验收记录。

8.0.6　板材隔墙分项工程质量验收记录。

8.0.7　其他技术文件。

第 18 章　GRC 空心条板隔墙

本工艺标准适用于新建、扩建、改建的房屋建筑，采用 GRC 空心条板隔墙的工程。

1　引用标准

《民用建筑隔声设计规范》GB 50118—2010；

《建筑装饰装修工程质量验收标准》GB 50210—2018；

《建筑节能工程施工质量验收规范》GB 50411—2007；

《建筑用轻质隔墙条板》GB/T 23451—2009；

《建筑工程施工质量验收统一标准》GB 50300—2013；

《住宅室内装饰装修工程质量验收规范》JGJ/T 304—2013。

2　术语

2.0.1　GRC 空心条板

GRC 空心条板全称玻璃纤维增强水泥轻质多孔隔墙条板（GRC 是英文 Glass fiber Reinforced Concrete 的缩写，中文名称是玻璃纤维增强混凝土），又称"GRC 轻质多孔隔墙条板"，是以耐碱玻璃纤维与低碱度水泥为主要原料的预制非承重轻质多孔内隔条板。

3　施工准备

3.1　作业条件

3.1.1　结构及屋面防水已施工完毕并验收，室内已弹出 0.5 标高线及墙轴线。

3.1.2　施工环境温度不低于 5℃。

3.1.3　正式安装前，先做样板墙一道，并经验收合格后才可开展施工。

3.2　材料及机具

3.2.1　GRC 空心条板：有标准板、门框板、门上板、窗下板及异形板。除标准板外，其他板按设计确定的规格进行加工。

一般标准板的规格有：普通住宅用，长（L）2400～3000mm，宽（B）590～

595mm，厚（H）60mm、90mm；公用建筑用，长（L）2400～3900mm，宽（B）590～595mm，厚（H）90mm。

技术要求：面密度小于或等于 60kg/m²，抗弯荷载大于或等于 2.0G（G 为板的重量，单位为 N），单点吊挂力大于或等于 800N，料浆抗压强度大于或等于 10MPa，软化系数大于或等于 0.8；收缩率小于或等于 0.08%。

3.2.2　胶粘剂：水泥类胶粘剂，初凝时间大于 0.5h，粘结强度大于 1.0MPa。

3.2.3　接缝带（布）：宜选用专用纤维接缝带，或采用的确良布裁成接缝带。宽度为 50mm 的用于平缝，宽度为 200mm 的用于阴阳角处。

3.2.4　石膏腻子：抗压强度大于 2.5MPa，抗折强度大于 1.0MPa，粘结强度大于 0.2MPa，终凝时间 3h。

3.2.5　机具：切割机、射钉枪、电钻、撬棍、钢丝刷、开刀、橡皮锤、扁铲、2m 靠尺、2m 托线板。

4　操作工艺

4.1　工艺流程

放线分档及配板 → 安装隔墙板 → 管线敷设板 → 安装门窗框 → 板缝处理 → 板面装修板

4.2　放线分档及配板

4.2.1　放线分档前，先将 GRC 空心条板与顶板、地面、墙面等结合处的灰渣清理干净，并找平。然后在顶板、地面、墙面处按设计要求弹出隔墙线及门窗洞口边线，并按板宽分档。

4.2.2　配板时，板的长度应按楼层结构净高尺寸减 20～30mm，按设计要求并结合量测的门窗上部、窗口下部隔墙尺寸进行配板，预先将板拼接或锯窄，组成合适的宽度。

4.3　安装隔墙板

4.3.1　当有抗震设防要求时，应按设计要求用 U 形钢板卡固定隔墙板的顶端，即在两块条板顶端拼缝之间，用射钉将 U 形钢板卡固定在梁或楼板上，随安装随固定钢板卡。

4.3.2　配制胶粘剂时，应随配随用，一次配制的胶粘剂应在 30min 内用完。

4.3.3　隔墙板的安装应从与墙的结合处或从门洞边开始。先将板侧面的浮灰清理干净，在拼合面满铺刷胶粘剂，按弹线位置安装就位。随后用木楔顶在板底处，再用手平推隔板，使板缝冒浆，同时一人用特制撬棍在板底部向上顶，另一人打木楔，使隔板挤紧顶实，然后用开刀将挤出的胶粘剂刮平。

4.3.4 在安装过程中，应随时用 2m 靠尺和塞尺检测墙面的平整度及垂直度，发现误差超标随时校正。粘结完毕的墙体，应立即用 C20 干硬性细石混凝土将板下口堵严，待混凝土强度达到 10MPa 以上时，方可撤除板下木楔。木楔处也用同强度等级的干硬性砂浆填实。

4.4 管线敷设

4.4.1 管线敷设时，应按设计要求找准位置、画出定位线，将电线管穿入板孔内，再按设计要求开孔安装线盒。开孔时应先用电钻成孔，然后用扁铲扩孔，孔的大小应适中、方正，将其四周灰渣清理干净后，再用胶粘剂稳住接线盒。

4.4.2 安装水暖、煤气管道卡子时，先按设计要求找准标高和竖向位置，并画出管卡定位线，然后在隔墙板上钻孔扩孔，孔成型后将其孔内灰渣清理干净，用胶粘剂将管卡固定牢。

4.5 安装门窗框

一般采用先留门窗洞口、后安装门窗框的方法。门窗框周边应选专用板，其板边应设有固定埋件。木门框用 L 形连接件连接，一端用木螺丝与木框连接，另一端与门窗口板中预埋件焊接。

门窗框与门窗口板之间的缝隙不宜超过 3mm，超过 3mm 时应采取加木垫片过渡的方法，即将缝隙浮灰清理干净，用胶粘剂嵌缝。

4.6 板缝处理

在隔墙板安装完 10d 后，开始检查所有缝隙是否粘结良好、有无裂缝。如出现裂缝，应查明原因进行妥善修补，先将已粘结良好的板缝上的浮灰清理干净，然后刷胶粘剂粘贴接缝带。

4.7 板面装修

4.7.1 一般室内墙面可直接用石膏腻子刮平及打磨两遍，再做饰面层。

4.7.2 当设计为水泥砂浆或粘贴块料踢脚板时，应先刷一道胶液，然后做踢脚板；当设计为塑料或木踢脚板时，可不刷胶液，直接钻孔打入木楔，再用钉子将其固定在隔墙板上。

4.7.3 墙面粘贴瓷砖时，应提前将隔墙两板面打磨平整，再用胶调水泥粘贴瓷砖。

5 质量标准

同一品种隔墙工程每 50 间（大面积房间和走廊按轻质隔墙的墙面 30m² 为一间）分为一检验批，不足 50 间也划为一个检验批。每个检验批至少抽查 10%，并不少于 3 间。不足 3 间应全数检查。

5.1　主控项目

5.1.1　隔墙板材的品种、规格、颜色和性能应符合设计要求。有隔声、隔热、阻燃和防潮等特殊要求的工程，板材应有相应性能等级的检测报告。

检验方法：观察；检查产品合格证书、进场验收记录和性能检测报告。

5.1.2　安装隔墙板材所需预埋件和连接件的位置、数量及连接方法应符合设计要求。

检验方法：观察；尺量检查；检查隐蔽工程验收记录。

5.1.3　隔墙板材安装必须牢固。

检验方法：观察；手扳检查。

5.1.4　隔墙板材所用接缝材料的品种及接缝方法应符合设计要求。

检验方法：观察；检查产品合格证和施工记录。

5.1.5　隔墙板材安装应位置正确，板材不应有裂缝或缺损。

检验方法：观察；尺量检查。

5.1.6　门窗洞与门窗口板之间使用电焊连接时，焊缝高度和长度应符合设计要求。焊缝表面应平整，无烧伤、凹陷、焊瘤、裂纹、咬边、气孔和夹渣等缺陷，其焊点表面应低于板面 3mm。

检验方法：观察；检查性能检测报告。

5.2　一般项目

5.2.1　板材隔墙表面应光洁、平顺、色泽一致，接缝应均匀、顺直。

检验方法：观察；手摸检查。

5.2.2　隔墙上的孔洞、槽、盒应位置正确、套割方正、边缘整齐。

检验方法：观察。

5.2.3　GRC 空心条板隔墙安装的允许偏差应符合表 18-1 的规定。

GRC 空心条板隔墙安装的允许偏差　　　　　　　　　　　　　表 18-1

项目	允许偏差（mm）	检验方法
立面垂直度	3	用 2m 垂直检测尺检查
表面平整度	3	用 2m 靠尺和塞尺检查
阴阳角方正	3	用 200mm 直角检查尺检查
接缝高低差	2	用钢直尺和塞尺检查

6　成品保护

6.0.1　施工中各专业工种之间应相互配合，紧密合作。隔墙板粘结后 12h 内不得碰撞敲打，也不得进行下道工序的施工。

6.0.2 安装埋件时，宜采取先用电钻钻孔，再用扁铲扩孔的方法，严禁剔凿成孔。刮完腻子的隔墙，也不应进行任何剔凿。

6.0.3 施工楼地面时，应采取遮挡措施，防止砂浆污染隔墙板。

6.0.4 严防运输小车等工具碰撞隔墙板及门口。

6.0.5 在搬运 GRC 隔墙板时，应轻拿轻放，并采取侧抬侧立、互相绑牢的方法进行保护，不得平抬、平放。堆放处应平整，下垫 100mm×100mm 木方，垫木距板两端各 0.5m，露天堆放时，应有防雨设施。

7 注意事项

7.1 应注意的质量问题

7.1.1 GRC 隔墙板应采用干燥的、已基本完成收缩变形的产品。

7.1.2 GRC 隔墙板及其配件、辅助材料均应分类存放，并挂牌标记、胶、粉材料应储存于干燥处。

7.1.3 一般使用的胶粘剂为聚醋酸乙烯胶粘剂，不得使用 107 胶作胶粘剂。

7.2 应注意的安全问题

7.2.1 施工所用各种电气设备应安装可靠的防漏电保护装置，并做到一机一闸一保护，且由专人负责使用和保管。

7.2.2 电锯应设防护罩，由两人相互配合操作。

7.2.3 使用高凳时，其下脚应钉防滑橡皮垫，两腿之间应设拉绳。在靠近外窗附近操作时，应戴好安全帽、系好安全带。

7.3 应注意的绿色施工问题

7.3.1 切割板材时应封闭，并尽量在白天作业，以减少噪声与扬尘污染。

7.3.2 做到工完场清，垃圾及时装袋清运，集中消纳。

7.3.3 施工现场工完场清，设专人洒水，打扫，不能扬尘污染环境。

8 质量记录

8.0.1 隔墙板等材料的产品合格证书、性能检测报告、进场验收记录和复验报告。

8.0.2 隔声、隔热、阻燃、防潮等材料性能等级检测报告。

8.0.3 隐蔽工程检查验收记录。

8.0.4 施工记录。

8.0.5 板材隔墙工程检验批质量验收记录。

8.0.6 板材隔墙分项工程质量验收记录。

8.0.7 其他技术文件。

第19章 活动隔墙

本工艺适用于新建、扩建、改建房屋建筑，采用成品或自制活动隔墙工程。

1 引用标准

《民用建筑隔声设计规范》GB 50118—2010；
《建筑装饰装修工程质量验收标准》GB 50210—2018；
《建筑节能工程施工质量验收规范》GB 50411—2007；
《建筑用轻质隔墙条板》GB/T 23451—2009；
《建筑工程施工质量验收统一标准》GB 50300—2013；
《住宅室内装饰装修工程质量验收规范》JGJ/T 304—2013。

2 术语（略）

3 施工准备

3.1 作业条件

3.1.1 施工大样图：施工前提出施工大样图，经业主、监理签认后方能制造，施工大样图应包括以下内容：

1 基本结构组合及说明（隔墙形式、材料使用、表面处理）。

2 配合水电、空调开口留设、防火、防潮及隔声填塞说明。

3 与柱、墙、玻璃外墙、窗台等界面的做法及详图。

4 工程的施工平面图、施工立面图、隔墙断面详图。

3.1.2 现场测量与放样：施工前应先进行工地现场测量及放样，经监理签认后方能施工。

3.1.3 该项工程应在室内顶、地、墙装饰基本完成后进行。

3.1.4 已对操作班组及有关人员进行施工技术交底，各种材料准备齐全。

3.2 材料及主要机（工）具

3.2.1 材料要求

1 活动隔墙所用墙板、配件等材料的品种、规格、性能和木材的含水率应符合设计要求。

2 产品应有合格证书、进场验收记录、性能检测报告和复验报告。

3 有阻燃、防潮等特性要求的工程，材料应有相应性能等级的检测报告。

4 材料应符合国家有关建筑装饰装修材料有害物质限量标准的规定，并按设计要求进行防火、防腐和防虫处理。

3.2.2 主要机（工）具：电圆锯、电锤、手电钻、电焊机、切割机、水平尺、吊线锤和木工工具等。

4　操作工艺

4.1　工艺流程

弹放墨线 → 滑槽、滑轨安装 → 隔墙板制作或安装 → 检查、清理 →
验收

4.2　施工要点

4.2.1 弹放墨线：按设计要求弹、放出闭合的隔墙墨线。

4.2.2 滑槽、滑轨安装：按弹放出的隔墙墨线安装天、地滑槽和滑轨，并将滑轮安装就位，试调滑轨的活动性能，使其能够自由滑动。

4.2.3 隔墙板的制作：根据实际放线结果，结合设计的隔墙板材，制作隔墙板，将隔墙板组合拼装打磨进行成品安装。

4.2.4 隔墙板安装：隔墙板制作完成后，将隔墙板进行油漆（油漆按油漆操作标准施工）后上好铰链与滑轮连接，归入滑槽中，调试隔墙的活动性能，直到能够自由滑动，关闭严密。

4.2.5 做好隔墙板的清洁，保护待验收。

4.3　移动隔墙位置的活动隔墙

4.3.1　工艺流程

隔墙板的制作 → 隔墙板的安装 → 地滑轮安装 → 调试检查 → 验收

4.3.2　施工要点

1 隔墙板制作：按设计和实际现场长度划分隔墙板大小，制作隔墙板或购进成品隔墙板。

2 隔墙板组合安装：按组装要求将隔墙板用铰链连接成墙的样式，再安装能在地面滚动的地滑轮。

3 调试检查：按要求调试滑轮的收折性能，直至达到要求，做好清洁卫生，待验收。

5　质量检查

同一品种隔墙工程每 50 间（大面积房间和走廊按轻质隔墙的墙面 30m² 为一间）分为一检验批，不足 50 间也划为一个检验批。每个检验批至少抽查 20％，并不少于 6 间。不足 6 间应全数检查。

5.1　主控项目

5.1.1　活动隔墙所用的墙板、轨道、配件等材料的品种、规格、性能和人造木板甲醛释放量、燃烧性能应符合设计要求。

检验方法：观察；检查产品合格证书、进场验收记录、性能检测报告和复验报告。

5.1.2　活动隔墙轨道应与基体结构连接牢固，并应位置正确。

检验方法：尺量检查；手扳检查。

5.1.3　活动隔墙用于组装、推拉和制动的构配件必须安装牢固、位置正确，推拉必须安全、平稳、灵活。

检验方法：尺量检查；手扳检查；推拉检查。

5.1.4　活动隔墙组合方式、安装方法应符合设计要求。

检验方法：观察。

5.2　一般项目

5.2.1　活动隔墙表面应色泽一致、平整光滑、洁净，线条应顺直、清晰。

检验方法：观察；手摸检查。

5.2.2　活动隔墙的孔洞、槽、盒应位置正确，套割吻合，边缘整齐。

检验方法：观察、尺量检查。

5.2.3　活动隔墙推拉应无噪声。

检查方法：推拉检查。

5.2.4　活动隔墙安装允许偏差和检验方法应符合表 19-1 要求。

活动隔墙安装允许偏差和检验方法　　　　　　　　　表 19-1

项目	允许偏差（mm）	检验方法
立面垂直度	3	用 2m 垂直检测尺检查
表面平整度	2	用 2m 靠尺和塞尺检查
接缝直线度	3	拉 5m 线，不足 5m 拉通线，用钢直尺检查
接缝高低差	2	用钢直尺和塞尺检查
接缝宽度	2	用钢直尺检查

6 成品保护

6.0.1 隔墙墙板安装时，应注意保护室内顶棚已安装好的各种线管。

6.0.2 施工部位已安装的门窗，已施工完的地面、墙面、窗台等应注意保护，防止损坏。

6.0.3 隔墙墙板材料在进场、存放、使用过程中应妥善管理，使其不变形、不碰撞、不损坏、不污染。

6.0.4 注意保护滑轮，应使滑轮有油浸润，保持滑轮能自由转动。

7 注意事项

7.1 应注意的质量问题

7.1.1 因运输、保管、安装过程造成墙板表面漆膜等损坏的，应重新补漆，补漆的质量不应影响墙板面层的美观。

7.1.2 因安装的质量造成墙板在试用中滑脱或不到位，应重新进行安装和调整，使滑轨安装连接牢固，墙板滑动平稳，转动部件灵活。

7.2 应注意的安全问题

7.2.1 隔断工程的脚手架搭设应符合建筑施工安全标准。

7.2.2 施工现场必须工完场清。由专人洒水，清扫，不得扬尘污染环境。

7.2.3 使用电钻等手持电动工具时，应安设漏电自动保护装置。

7.2.4 遵守操作规程，非操作人员严禁动用机具，以防伤人。

7.3 应注意的绿色施工问题

7.3.1 切割板材时应封闭，并尽量在白天作业，以减少噪声与扬尘污染。

7.3.2 做到工完场清，垃圾及时装袋清运，集中消纳。

7.3.3 施工现场工完场清，设专人洒水，打扫，不能扬尘污染环境。

7.3.4 油漆时要带防毒面罩并封闭好施工场所以免污染周边环境。

8 质量记录

8.0.1 活动隔墙工程的施工图、设计说明及其他设计文件。

8.0.2 材料的产品合格证书、性能检测报告、进场验收记录和复验报告。

8.0.3 隐蔽工程验收记录。

8.0.4 施工记录。

8.0.5 活动隔墙工程检验批质量验收记录。

8.0.6 活动隔墙分项工程质量验收记录。

8.0.7 其他技术文件。

第 20 章　玻璃板隔墙

本工艺标准适用于新建、扩建、改建房屋建筑，采用玻璃砖、玻璃板隔墙工程。

1　引用标准

《民用建筑隔声设计规范》GB 50118—2010；

《建筑装饰装修工程质量验收标准》GB 50210—2018；

《建筑节能工程施工质量验收规范》GB 50411—2007；

《建筑用轻质隔墙条板》GB/T 23451—2009；

《建筑工程施工质量验收统一标准》GB 50300—2013；

《住宅室内装饰装修工程质量验收规范》JGJ/T 304—2013。

2　术语

2.0.1　玻璃隔墙：主要作用就是使用玻璃作为隔墙将空间根据需求划分，更加合理地利用好空间，满足各种家装和公装用途。玻璃隔墙通常采用钢化玻璃，具有抗风压性、寒暑性、冲击性等优点，所以更加安全、牢固和耐用，而且玻璃打碎后对人体的伤害比普通玻璃小很多。

3　施工准备

3.1　作业条件

3.1.1　有关的设计施工图及说明，根据现场实际情况绘制玻璃板（砖）组装图，经严格校核提出玻璃加工计划。

3.1.2　该项工程应在室内顶板、地面、墙面装饰基本完成后进行。

3.1.3　有完善的施工方案，且已对操作层人员进行施工技术交底，强调操作过程、方法、质量要求和安全作业的规定。

3.1.4　玻璃砖和玻璃板安装前期的准备工作已经完成。

3.2　材料及主要机（工）具

3.2.1　材料要求

1　玻璃砖、玻璃板的品种、规格、性能、图案和颜色应符合设计要求。玻璃板隔墙应使用安全玻璃。

2　所有材料必须有产品合格证、性能检测报告且应满足设计要求，经业主、监理认可后作好进场验收记录。

3　使用的结构胶应有合格的相溶性试验报告。

3.2.2　主要机（工）具：电焊机、工作台、切割机、电锤、玻璃刀、吊线锤、广线、吸玻器、木工、泥工工具等。

4　操作工艺

4.1　工艺流程

弹线定位 → 隔墙上下槛制作安装 → 现场测量下料 → 玻璃板加工 →
玻璃安装 → 打胶、清洁 → 验收

4.2　施工要点

4.2.1　弹线定位：按设计图示尺寸弹出隔墙的闭合墨线。

4.2.2　隔墙上下槛制作安装：按设计要求作好玻璃隔墙的上、下槛，上、下槛应做成成品后再安装玻璃，上、下槛经测量、吊线，保证在同一垂直线上，避免玻璃安装扭曲，产生应力而破裂。对玻璃砖则按弹线进行砌筑。

4.2.3　现场测量：根据现场所作上、下槛进行实际测量玻璃的长度和高度，按实际尺寸划分玻璃的大小规格，并绘制玻璃安装编号图，以便玻璃的加工。对玻璃砖隔墙应做好与墙体的拉结筋，保证连结牢固。

4.2.4　玻璃板加工：按绘制的玻璃安装编号图进行材料加工，要求磨好玻璃的边口，按计划组织进场待用。

4.2.5　玻璃安装：按图对号安装玻璃，安装前应对上、下槛以及玻璃本身进行卫生、洁净，玻璃间留缝应均匀，调整一致后固定玻璃。玻璃肋的安装应按设计要求设置，若设计无规定时，应按规范《玻璃幕墙工程技术规范》JGJ 102—2003 的有关规定设置。

4.2.6　打胶，清洁卫生：用玻璃胶打好玻璃接缝，同时做好清洁卫生，等待验收。

5　质量标准

同一品种隔墙工程每 50 间（大面积房间和走廊按轻质隔墙的墙面 30m² 为一间）分为一检验批，不足 50 间也划为一个检验批。每个检验批至少抽查 20％，并不少于 6 间。不足 6 间应全数检查。

5.1 主控项目

5.1.1 玻璃隔墙工程所用材料品种、规格、图案、颜色和性能应符合设计要求。玻璃板隔墙应使用安全玻璃。

检验方法：观察；检查产品合格证书、进场验收记录和性能检验报告。

5.1.2 玻璃板安装及玻璃砖砌筑方法应符合设计要求。

检验方法：观察。

5.1.3 有框玻璃板隔墙的受力杆件应与基体结构连接牢固，玻璃板安装橡胶垫位置应正确。玻璃板安装应牢固，受力应均匀。

检验方法：观察；手推检查；检查施工记录。

5.1.4 无框玻璃板隔墙的受力爪件应与基体结构连接牢固，爪件的数量、位置应正确，爪件与玻璃板的连接应牢固。

检验方法：观察；手推检查；检查施工记录。

5.1.5 玻璃门与玻璃墙板的连接、地弹簧的安装位置应符合设计要求。

检验方法：观察；开启检查；检查施工记录。

5.1.6 玻璃砖隔墙砌筑中埋设的拉结筋应与基体结构连接牢固，数量、位置应正确。

检验方法：手扳检查；尺量检查；检查隐蔽工程验收记录。

5.2 一般项目

5.2.1 玻璃隔墙表面应色泽一致、平整洁净、清晰美观。

检验方法：观察。

5.2.2 玻璃隔墙接缝应横平竖直，玻璃应无裂痕、缺损和划痕。

检验方法：观察。

5.2.3 玻璃板隔墙嵌缝及玻璃砖隔墙勾缝应密实平整、均匀顺直，深浅一致。

检验方法：观察。

5.2.4 玻璃隔墙安装的允许偏差和检验方法应符合表 20-1 的规定。

允许偏差和检验方法　　　　　　　　表 20-1

项目	允许偏差（mm）		检验方法
	玻璃砖	玻璃板	
立面垂直度	3	2	用 2m 垂直检测尺检查
表面平整度	3	—	用 2m 靠尺和塞尺检查
阴阳角方正	—	2	用直角检查尺检查
接缝高低差	3	2	用钢尺和塞尺检查
接缝直线度	—	2	拉 5m 通线，不足 5m 拉通线，用钢直尺检查
接缝宽度	—	1	用钢直尺检查

6　成品保护

6.0.1　施工现场应工完场清，地面清洁时必须洒水，不得扬尘污染环境。

6.0.2　玻璃上应有防撞标识，玻璃隔墙旁应设临时防撞措施。

6.0.3　制定措施，严防利器划伤玻璃表面。

6.0.4　当焊接、切割、喷砂等作业可能损伤玻璃时，应采取措施予以保护，严禁焊接等火花溅到玻璃上。

6.0.5　严禁用酸性洗涤剂或含研磨粉的去污粉清洗热反射玻璃的镀膜面层。

7　注意事项

7.1　应注意的质量问题

7.1.1　隔墙安装后玻璃与玻璃间的缝隙不均匀，影响成品隔墙的美观，应重新调整。

7.1.2　安装过程中未按规定搁置定位块的，必须按规定设置，其橡塑垫块的硬度应达到规定的要求。

7.1.3　严禁玻璃板与玻璃板间不留缝隙，未留缝隙的必须按规定留置，以避免因温度的变化造成玻璃的损坏。

7.1.4　玻璃安装后有缺棱掉角的，应进行更换。

7.1.5　安装玻璃隔断时，隔断上框的顶面应留有适量缝隙，以防止结构变形，损坏玻璃。

7.1.6　在对玻璃板间和玻璃上下口进行密封胶封口处理时，宜在缝隙面边贴美纹纸，以避免打胶时的过界污染。

7.2　应注意的安全问题

7.2.1　安装玻璃隔墙时，应设置安全警戒线。

7.2.2　脚手架搭设应牢固，经检查验收合格后才准予使用。

7.2.3　机电设备应有可靠的接地措施，电钻及其他手持电动工具应安设漏电自动保护装置。

7.2.4　现场管理人员不得违章指挥，操作人员严禁违章作业。

7.2.5　吸玻器在使用前必须做试吸承载力试验，严禁吸玻器在使用过程中出现任何故障。

7.2.6　搬运大面积玻璃时应注意风向，以确保安全。未安装的玻璃应防止玻璃被风吹倒。

7.2.7　玻璃不应搁置和倚靠在可能损伤玻璃边缘和玻璃面的物体上。

7.3　应注意的绿色施工问题

7.3.1　龙骨隔墙面板应进行排版设计，减少板材切割量。

7.3.2　切割板材时应封闭，并尽量在白天作业，以减少噪声与扬尘污染。

7.3.3　做到工完场清，垃圾及时装袋清运，集中消纳，设专人洒水，打扫，不能扬尘污染环境。

8　质量记录

8.0.1　玻璃隔墙工程的施工图、设计说明及其他设计文件。

8.0.2　材料的产品合格证书、性能检测报告和进场验收记录。

8.0.3　隐蔽工程验收记录。

8.0.4　施工记录。

8.0.5　玻璃隔墙工程检验批质量验收记录。

8.0.6　玻璃隔墙分项工程质量验收记录。

8.0.7　其他技术文件。

第21章 蒸压加气混凝土砌块隔墙

本工艺标准适用于新建、扩建、改建房屋建筑，采用蒸压加气混凝土砌块的隔墙工程。

1 引用标准

《砌体结构工程施工质量验收规范》GB 50203—2011；

《蒸压加气混凝土砌块》GB 11968—2006；

《建筑工程施工质量验收统一标准》GB 50300—2013；

《民用建筑隔声设计规范》GB 50118—2010；

《建筑装饰装修工程质量验收标准》GB 50210—2018；

《建筑节能工程施工质量验收规范》GB 50411—2007；

《住宅室内装饰装修工程质量验收规范》JGJ/T 304—2013；

《砌筑砂浆配合比设计规程》JGJ/T 98—2010；

《建筑用砂石中水溶性氯离子含量的测定，离子色谱法》SN/T 3911—2014。

2 术语 （略）

3 施工准备

3.1 作业条件

3.1.1 主体部分中承重结构已施工完毕，已经有关部门验收。

3.1.2 根据设计施工图纸、现场定位放线、砌体规范要求，结合砌块的品种规格、几何尺寸、材料特性等优化排列方案，绘制砌体的排列图。

3.1.3 按照设计图纸要求做好卫生间和出屋面砌体混凝土坎台、墙体拉结筋、构造柱植筋等，经审核无误，按照排列砌块图砌筑施工。

3.1.4 在砌筑前将砌块适量浇水湿润。

3.1.5 砌筑部位的灰渣、杂物已清除，基层浇水湿润。

3.2 材料及机具

3.2.1 结合当地市场，选用信誉度好，生产能力强，砌块产品物理性能、外观尺寸、表观质量等满足规范及施工要求的厂家。

3.2.2 所有砌块附有出厂合格证，并应对外观质量、出厂偏差、强度等级进行进场复检。其中长宽高几何尺寸允许偏差均不得大于 5mm。

3.2.3 加气混凝土砌块运输、装卸过程中，加气混凝土砌块应轻装、轻放、堆码整齐。不得整车倒卸、防止损坏、缺棱少角和断裂。进场后按规格堆放整齐，堆放高度不得超过 2m。

3.2.4 现场堆放加气混凝土砌块的地面必须经过硬化，要有良好的排水措施，现场施工二次转运时，应采取措施防止砌块断裂、破损和泡水，否则，不许上墙使用。

3.2.5 现场堆放的加气混凝土砌块应做标识牌，注明进场日期、龄期以及检验情况、拟使用部位。

3.2.6 砌体施工前，对河沙、水泥进行原材料取样送检，做配合比试验。砌体砂浆搅拌要严格按照配合比进行计量搅拌。

3.2.7 施工机具：砂浆搅拌机械、镂槽、锯子、钻子、灰桶、瓦刀、手推车等。

4　操作工艺

4.1　工艺流程

清理基层 → 定位放线 → 后置拉结钢筋 → 墙根坎台施工 → 选砌块 →

浇水湿润 → 满铺砂浆 → 摆砌块（控制挂线）→ 安装或浇筑门窗过梁 →

浇筑混凝土构造柱、圈梁 → 砌筑顶砖

4.2　清理基层

楼层清理完毕，完成工作面移交手续。

4.3　定位放线

砌体放线以结构施工内控点为依据，转角应进行直角检查，确保实测实量方正性要求。

4.4　后置拉结钢筋

砌体放线检查合格后，对墙体拉接筋、构造柱、门过梁等进行植筋，其锚固长度必须满足设计要求。

4.4.1 植筋位置根据不同梁高组砌排砖按"倒排法"确定位置，钻孔深度必须满足规范要求；孔洞的清理要求用专用电动吹风机，确保粉尘的清理彻底。

4.4.2 植筋深度不得小于 $10d$（d 为钢筋植筋）。

4.4.3 墙体拉接筋抗拔试验合格后才能进行砌筑。

4.5　墙根坎台施工

砌体底部处理：在砌块墙底部应采用 C20 细石混凝土脚坎（长期有水房间），其高度 200mm，出屋面高度 500mm。混凝土挡水坎模板应固定牢靠。

4.6　选砌块

4.6.1　不得使用龄期不足、裂缝、不规整、浸水或表面污染的砌块。

4.6.2　对破裂和不规整的砌块可切割成小规格后使用，切锯时应使用专用切割工具，不得用瓦刀凿砍。

4.7　浇水湿润

砌筑时，应向砌筑面适量浇水湿润，砌筑砂浆有良好的保水性，并且砌筑砂浆铺设长度不应大于 0.75m，避免因砂浆失水过快引起灰缝开裂。

4.8　满铺砂浆

4.8.1　砌体水平灰缝的砂浆饱满度不得小于 80％；竖缝宜采用挤浆或加浆方法，不得出现透明缝，严禁用水冲浆灌缝。

4.8.2　砌体的水平灰缝厚度和竖向灰缝宽度宜为 10mm，不应小于 8mm，也不应大于 12mm。

4.9　摆砌块（控制挂线）

砌块进行集中加工，进入施工现场砌块应根据砌筑排砖图分类堆放；砌筑砂浆应采取料斗盛放，不得直接堆放在楼板上。

4.9.1　砌体灰缝要求：内外墙体灰缝应双面勾缝，缝深 4～5mm；灰缝应横平竖直，砂浆饱满。水平灰缝厚度为 15mm。竖向灰缝采用内外临时夹板后灌缝，其宽度为 15mm。水平缝饱满度大于 90％，竖缝饱满度大于 90％。

4.9.2　每天砌筑高度要求：加气混凝土砌块墙每天砌筑高度不宜超过 1.5m 或一步脚手架高度内。但在停砌后最高一皮砖因其自重太轻而容易造成与砂浆的胶结不充分而产生裂缝，应在停砌时最高一皮砖上以一皮浮砖压顶，第二天继续砌筑时再将其取走。

4.10　钢筋混凝土构造柱

4.10.1　钢筋混凝土构造柱的设置、截面尺寸、配筋符合设计要求。

4.10.2　构造柱的截面尺寸为墙厚×200mm，混凝土强度等级不应低于 C25。

4.10.3　构造柱下部钢筋应与楼板面插筋绑扎牢靠，构造柱上部钢筋与板顶所植钢筋绑扎牢靠。

4.11　砌筑顶砖

砌体顶部斜顶砖要求：砌到接近上层梁、板底约 200mm，浮砖压顶待下部砌体沉缩。在间隔时间不少于 15d，用实心砖斜砌砌筑，在 60 度斜顶砌筑时逐块敲紧，与框架梁底挤实，填满砂浆；顶砖位置应按模数预留。

5 质量标准

同一品种隔墙工程每50间（大面积房间和走廊按轻质隔墙的墙面30m² 为一间）分为一检验批，不足50间也划为一个检验批。每个检验批至少抽查20％，并不少于6间。不足6间应全数检查。

5.1 主控项目

5.1.1 小砌块和芯柱混凝土、砌筑砂浆的强度等级必须符合设计要求。

检查方法：观察、检查产品合格证书、进场验收记录和性能检测报告。

5.1.2 砌体水平灰缝和竖向灰缝的砂浆饱满度，按净面积计算不得低于90％。

检查方法：观察、百格网检查。

5.1.3 砌体转角处和纵横交接处应同时砌筑。临时间断处应砌成斜槎，斜槎水平投影长度不应小于斜槎高度。施工洞口可预留直槎，但在洞口砌筑和补砌时，应在直槎上下搭砌的小砌块孔洞内用强度等级不低于C20（或Cb20）的混凝土灌实。

检查方法：观察、尺量、查看试验报告。

5.1.4 小砌块砌体的芯柱在楼盖处应贯通，不得削弱芯柱截面尺寸；芯柱混凝土不得漏灌。

检查方法：观察、检查产品合格证书、进场验收记录和性能检测报告。

5.2 一般项目

5.2.1 蒸压加气混凝土砌块砌体当采用水泥砂浆，水泥混合砂浆或蒸压加气混凝土砌块砌筑砂浆时，水平灰缝厚度和竖向灰缝宽度不应超过15mm；当蒸压加气混凝土砌块砌体采用蒸压加气混凝土砌块粘结砂浆时，水平灰缝厚度和竖向灰缝宽度宜为3mm～4mm。

检查方法：观察、尺量。

6 成品保护

6.0.1 电气管线及预埋件应注意保护，防止碰撞损坏。

6.0.2 预埋的拉结筋应加强保护，不得踩倒、弯折。

6.0.3 墙上不得放脚手架排木，防止发生事故。

6.0.4 当每层砌筑墙体的高度超过1.2m时，应及时搭设好操作平台。严禁用不稳定的物体在脚手架板面垫高工作。

7 注意事项

7.1 应注意的质量问题

7.1.1 砌体工程完成验收合格28d后，允许进行抹灰等装修工程施工。

7.1.2 预留间隙尺寸、槎口留设质量。

7.1.3 构造柱钢筋安装质量。

7.1.4 斜顶砖的角度、砂浆饱满度、斜缝勾缝。

7.1.5 竖向灰缝错缝、砂浆饱满度、灰缝勾缝。

7.1.6 腰梁的设置高度、与结构构件的连接和墙顶补砌的时间间隔。

7.2　应注意的安全问题

7.2.1 砌体施工脚手架要搭设牢固。外墙施工时，必须有外墙防护及施工脚手架，墙与脚手架间的间隙应封闭防高空坠物伤人。

7.2.2 严禁站在墙上做画线、吊线、清扫墙面、支设模板等施工作业。

7.2.3 现场施工机械等应根据《建筑机械使用安全技术规程》JGJ 33—2012检查各部件工作是否正常，确认运转合格后方能投入使用。

7.2.4 现场施工临时用电必须按照施工方案布置完成并根据《施工现场临时用电安装技术规范》JGJ 46—2005检查合格后才可以投入使用。

7.2.5 砂浆搅拌机污水应经过沉淀池沉淀后排入指定地点。

7.3　应注意的绿色施工问题

7.3.1 做到工完场清，垃圾及时装袋清运，集中消纳，设专人洒水，打扫，不能扬尘污染环境。

7.3.2 施工现场应经常洒水，防止扬尘。

7.3.3 砂浆搅拌机污水应经过沉淀池沉淀后排入指定地点。

8　质量记录

8.0.1 砌块、水泥产品合格证、进场复验报告，以及砂、石灰、砂浆、外加剂原材料及钢筋、钢丝网、耐碱玻纤网格布等材料的出厂合格证或检验报告。

8.0.2 砌块、水泥等材料有害物质的检验报告。

8.0.3 砂浆及混凝土配合比通知单及抗压强度检验报告。

8.0.4 砌体工程施工记录。

8.0.5 施工质量控制资料。

8.0.6 各检验批的主控项目、一般项目验收记录。

8.0.7 隐蔽工程验收记录和冬季施工记录。

8.0.8 重大技术问题的处理记录及验收记录。

8.0.9 其他相关文件和记录。

第22章 中空内模金属（轻钢肋筋）网水泥内隔墙

本工艺标准适用于新建、扩建、改建的民用、工业和市政工程建筑的非承重隔墙。

1 引用标准

《民用建筑隔声设计规范》GB 50118—2010；

《建筑装饰装修工程质量验收标准》GB 50210—2018；

《建筑节能工程施工质量验收规范》GB 50411—2007；

《建筑用轻质隔墙条板》GB/T 23451—2009；

《建筑工程施工质量验收统一标准》GB 50300—2013；

《住宅室内装饰装修工程质量验收规范》JGJ/T 304—2013；

《中空内模金属（轻钢肋筋）网水泥内隔墙技术规程》DBJ04/T 304—2014。

2 术语

2.0.1 中空内模金属（轻钢肋筋）网水泥内隔墙：是以轻钢肋筋网片对称组合成一体后形成的一种轻钢永久性内模结构（不拆除），内模网结构竖向由轻钢肋筋网片对称安装形成多道并列管状体，横向由钢网等距离的肋筋槽形成环箍的组合体，网片由龙骨固定，然后在内模网结构两侧压抹水泥砂浆（或其他轻质骨料）成型的一种轻质、高强、限裂、保温、隔声、抗震性能好的一种新型节能、环保墙体。

2.0.2 中空：是墙体成型后，中间为蜂窝状空间，起到隔声和保温作用，并降低墙体容重。

2.0.3 内模：是墙体施工为先安装龙骨和网片，然后两侧压抹水泥砂浆，龙骨和网片滞留于墙体内部为内模。

3 施工准备

3.1 作业条件

3.1.1 楼层封顶和主体结构施工验收完毕，与墙体接触部位的主体墙柱面层应处理完善。

3.1.2 做好施工前期的各项材料准备工作和成品保护工作，对于钢丝网等金属材料，注意防锈、防变形、防污染，各项机械设备调试完善，以便施工顺利安全，保证施工质量。

3.1.3 根据图纸进行放线，将隔墙位置绘制出大样图，明确标注各轴线、门窗位置及预留洞口，弹出楼板顶面相应墨线，施工时严格按照放出的线进行施工。

3.2 材料及机具

3.2.1 轻钢肋筋钢网规格见表22-1。

轻钢肋筋钢网规格表　　　　表 22-1

宽度（mm）	肋筋高度（mm）	肋筋间距（mm）	波峰高度（mm）	波峰间距（mm）	网梗宽度（mm）	网目尺寸（mm）
400	6～10	67	10～30 12～30	100～200 120～200	1.2～1.8	6×10 10(8)×12
600	6～10	50	10～30 12～30	100～200 120～200	1.2～1.8	6×10 10(8)×12
700	6～10	60	10～30 12～30	100～200 120～200	1.2～1.8	6×10 10(8)×12
800	6～10	67	10～30 12～30	100～200 120～200	1.2～1.8	6×10 10(8)×12

3.2.2 轻钢龙骨按照要求厚度、规格、尺寸进场使用，不得使用变形龙骨，规格见表22-2。

龙骨及辅材规格表　　　　表 22-2

龙骨名称	截面尺寸（mm）	厚度（mm）	用途
龙骨（U形）	50×15	0.8	用于门窗洞口和主体结构连接的边龙骨、墙体高度超过3.5m的墙体竖向龙骨
龙骨（U形）	50×15	0.4	高度小于3.5m墙体的竖向龙骨
龙骨（L形）	30×30	0.6	顶龙骨和地龙骨
龙骨（C形）	50×19	0.4	高度小于3.5m墙体的竖向龙骨
辅材	机螺钉、22号镀锌铁丝		用于龙骨、网的连接

3.2.3 水泥砂浆见表22-3。

水泥砂浆表　　　　表 22-3

部位	水泥砂浆比	砂和水泥
填槽	1：2.0～1：2.5	中粗砂，32.5MPa水泥
打底	1：3.0～1：4.0	中粗砂，32.5MPa水泥
抹面	1：2.5～1：3.5	中粗砂，32.5MPa水泥

3.2.4　岩棉板：密度要达到要求，不得使用发霉的岩棉板。

3.2.5　中砂：含泥量不大于3%，不得含有黏土、草根、树叶及其他有机物质，各项指标应符合《建筑用砂》GB/T 14684—2011要求。

3.2.6　细石：最大粒径不宜大于5mm，粒径均匀，含泥量不大于2%，各项指标应符合《建筑用卵石、碎石》GB/T 14685—2011要求。

3.2.7　机具：射钉枪、切割机、小型电焊机、叉梯、经纬仪、水准仪、绑丝钳、平锤、铆固钳、滚筒式搅拌机。

4　操作工艺

4.1　工艺流程

墙体处理→轻钢龙骨定主架→中间封岩棉→轻钢肋筋网封面→

确定立面位置、拉结件固定→抹底层砂浆→罩面层砂浆→检查验收

4.2　墙体处理

抹灰前，应提前清除肋筋网表面的灰尘、污垢和油渍等，在轻钢肋筋网安装单位自检合格基础上，按楼层、施工段划分检验批进行工序交接验收，合格后办理工序交接手续。

4.3　肋筋网的加工及安装

4.3.1　轻钢肋筋网面为加强"V"形槽，轻钢骨架一般用沿地龙骨、沿顶龙骨与边框龙骨（沿柱、沿墙龙骨）构成骨架边框，中间立竖向龙骨，内置岩棉板或浇灌混凝土，有些墙体根据要求还要增加横撑龙骨、加强龙骨和通贯龙骨。

4.3.2　肋筋网就位、安装拉结件、要求上下部位各设一道，中间部位间距500mm设一道。

4.3.3　抹底灰：砂浆采用1∶3水泥砂浆，要用刮板找平，表面用木抹子搓平，抹完后应检查中层灰垂直度、平整度及阴阳角方正、顺直，发现问题及时纠正、处理。

4.3.4　抹面层灰：采用1∶3水泥砂浆，砂宜采用中粗砂；以便于压光、收面。其抹面后，要用刮板找平，木抹子搓毛，压密实。

5　质量标准

同一品种隔墙工程每50间（大面积房间和走廊按轻质隔墙的墙面30m² 为一间）分为一检验批，不足50间也划为一个检验批。每个检验批至少抽查20%，并不少于6间。不足6间应全数检查。

5.1 主控项目

5.1.1 中空内隔墙所用材料和半成品其品种、规格、性能必须符合设计和有关标准要求。

检查方法：观察、检查产品合格证书、进场验收记录和性能检测报告。

5.1.2 中空内隔墙安装所需预埋件、连接件的位置、数量及连接方法应符合设计要求。

检查方法：观察、检查隐蔽验收记录。

5.1.3 中空内隔墙安装应牢固，与主体连接的龙骨，固定点距离不应大于600mm。

检查方法：观察、尺量。

5.1.4 中空内隔墙安装位置应正确保证轻钢肋筋网的垂直度和轴线准确。竖向凹槽应保持在一条垂直线上。

检查方法：观察、尺量。

5.1.5 网片竖向和横向搭接长度应符合《中空内模金属（轻钢肋筋）网水泥内隔墙技术规程》的要求。

检查方法：观察、尺量。

5.1.6 中空内隔墙门窗洞口加强处要用水泥砂浆填实，形成暗柱和暗梁，尺寸应符合《中空内模金属（轻钢肋筋）网水泥内隔墙技术规程》的要求。

检查方法：观察、尺量。

5.2 一般项目

5.2.1 轻钢肋筋网安装的尺寸允许偏差应符合《中空内模金属（轻钢肋筋）网水泥内隔墙技术规程》的要求。

检查方法：观察、尺量。

5.2.2 中空内隔墙安装尺寸允许偏差和检验方法应符合《中空内模金属（轻钢肋筋）网水泥内隔墙技术规程》的要求。

检查方法：观察、尺量。

5.2.3 中空内隔墙抹灰后应表面平整洁净，无裂缝，接槎应顺直，平滑，色泽一致。

检查方法：观察、尺量。

5.2.4 中空内隔墙上的孔洞、槽、盒应位置正确、套隔吻合、边缘整齐。

检查方法：观察、尺量。

5.2.5 中空内隔墙内的填充材料应干燥，填充应密实、均匀、无下坠。

检查方法：观察。

5.2.6 中空内隔墙抹灰后网丝不能外露。

检查方法：观察。

6 成品保护

6.0.1 施工中各专业工种应紧密配合，合理安排工序，避免或减少交叉作业、相互污染。

6.0.2 凡靠近出上料小车的部位，应用木方作临时防护，以免碰撞墙体。门口及阳角处应有防护措施。

6.0.3 施工楼地面时，应有遮挡措施，以免砂浆污染墙面。

7 注意事项

7.1 应注意的质量问题

7.1.1 熟悉图纸：明确各楼座、各立面空调侧板及正面板尺寸及结构形式。

7.1.2 主体结构凸出部分要进行剔凿处理。

7.1.3 加工好的肋筋网就位、安装拉结件、要求上下部位各设一道，中间部位间距500mm设一道。

7.1.4 拉结件固定点应里外交错布置。

7.1.5 螺丝打入墙体要检查是否牢固，否则要重新固定。

7.1.6 基层墙体要验收合格，外框横平竖直。

7.1.7 自上而下挂通线，控制其垂直度。

7.1.8 安装应尽量安排到白天施工，并采取防噪声措施。

7.2 应注意的安全问题

7.2.1 作业人员进入施工现场前必须经过培训和安全教育，进行安全技术交底。

7.2.2 作业人员进入施工现场必须戴合格的安全帽，系好下颌带，锁好带口，严禁赤背，穿拖鞋上岗。

7.2.3 高处作业人员必须佩戴安全带，并做到高挂低用及系牢固。

7.2.4 经医生检查认为不适宜高处作业的人员，不得进行高处作业。

7.2.5 工作前应先检查使用的工具是否牢固，手头工具必须放置可靠，钉子必须放在工具袋内，以免掉落伤人。工作时要思想集中，防止钉子扎脚和空中滑落。

7.2.6 施工现场必须设有专职安全员，负责管理现场安全。

7.3 应注意的绿色施工问题

7.3.1 尽量在白天作业，以减少噪声与扬尘污染。

7.3.2 做到工完场清，垃圾及时装袋清运，集中消纳，设专人洒水，打扫，不能扬尘污染环境。

7.3.3　罩面砂浆搅拌要采取扬尘措施。

8　质量记录

8.0.1　材料及配件产品质量合格证、出厂检验报告、有效期内的型式检验报告及进场验收记录等。

8.0.2　设计文件、图纸会审记录、设计变更等。

8.0.3　设计与施工执行标准、文件。

8.0.4　各项隐蔽工程验收记录，材料及配件进场抽复检报告。

8.0.5　检验批质量验收。

8.0.6　分项工程质量验收记录。

8.0.7　其他技术文件。

第 23 章　轻质石膏空心条板及砌块隔墙

本工艺标准适用于新建、扩建、改建房屋建筑，采用轻质石膏空心条板及砌块隔墙的非承重内隔墙工程。

1　引用标准

《民用建筑隔声设计规范》GB 50118—2010；

《建筑装饰装修工程质量验收标准》GB 50210—2001；

《建筑节能工程施工质量验收规范》GB 50411—2007；

《建筑工程施工质量验收统一标准》GB 50300—2013；

《石膏空心条板》JC/T 829—2010；

《住宅室内装饰装修工程质量验收规范》JGJ/T 304—2013。

2　术语

2.0.1　石膏空心条板：是以建筑石膏粉（用于石膏条板生产的建筑石膏粉，是使用电厂排放废弃物—脱硫石膏经过 1000 多度高温煅烧形成）为胶凝材料，合成纤维为增强材料，添加粉煤灰等轻骨料，加入耐水性外加剂，立模机械生产成型的轻质石膏空心条板。

3　施工准备

3.1　作业条件

3.1.1　屋面防水层及结构分别施工和验收完毕，墙面弹出 0.5m 标高线。

3.1.2　操作地点环境温度不低于 5℃。

3.1.3　正式安装以前，先试安装样板墙一道，经鉴定合格后再正式安装。

3.2　材料及机具

3.2.1　轻质石膏空心条板：具有重量轻、强度高、不变形、隔声好、保温隔热、防潮、耐水、不燃防火等特点，并具有良好的加工性能，可在施工现场切、锯、钉、钻、粘结等，施工简便。

3.2.2　规格：

长（L）2400～3000mm；宽（B）600mm；厚（T）100mm、120mm。

3.2.3 工具：笤帚、木工手锯、钢丝刷、小灰槽、2m 靠尺、开刀、2m 托线板、专用撬棍、钢尺、橡皮锤、木楔、钻、扁铲、射钉枪等。

4 操作工艺

4.1 工艺流程

结构墙面、顶面、地面清理和找平 → 放线、分档 → 配板、修补 →

安 U 形卡（有抗震要求时）→ 配制胶粘剂 → 安装隔墙板 →

安门窗框 → 板缝处理 → 板面装修

4.2 清理隔墙板与顶面、地面、墙面的结合部，凡凸出墙面的砂浆、混凝土块等必须剔除并扫净，结合部应尽量找平。

4.3 放线、分档

在地面、墙面及顶面根据设计位置，弹好隔墙边线及门窗洞边线，并按板定分档。

4.4 配板、修补

板的长度应按楼面结构层净高尺寸减 20～30mm。计算并量测门窗洞口上部及窗口下部的隔板尺寸，并按此尺寸配板。当板的宽度与隔墙的长度不相适应时，应将部分隔墙板预先拼接加宽（或锯窄）成合适的宽度，并放置在阴角处。有缺陷的板应修补。

4.5 有抗震要求时，应按设计要求用 U 形钢板卡固定条板的顶端。在两块条板顶端拼缝之间用射钉将 U 形钢板卡固定在梁或板上，随安板随固定 U 形钢板卡。

4.6 配制胶粘剂

将 SG791 胶与建筑石膏粉配制成胶泥，石膏粉∶SG791＝1∶0.6～0.7（重量比）。胶粘剂的配制量以一次不超过 20min 使用时间为宜。配制的胶粘剂超过 30min 凝固了的，不得再加水加胶重新调制使用，以避免板缝因粘接不牢而出现裂缝。

4.7 安装隔墙板

4.7.1 隔墙板安装顺序应从与墙的结合处或门洞边开始，依次顺序安装。板侧清刷浮灰，在墙面、顶面、板的顶面及侧面（相拼合面）先刷 SG791 胶液一道，再满刮 SG791 胶泥，按弹线位置安装就位，用木楔顶在板底，再用手平推隔板，使之板缝冒浆，一个人用特制的撬棍在板底部向上顶，另一人打木楔，须使隔墙板挤紧实，然后用开刀（腻子刀）将挤出的胶粘剂刮平。按以上操作办法依次安装隔墙板。

4.7.2　在安装隔墙板时，一定要注意使条板对准预先在顶板和地板上弹好的定位线，并在安装过程中随时用 2m 靠尺及塞尺测量墙面的平整度，用 2m 托线板检查板的垂直度。

4.7.3　粘结完毕的墙体，应在 24h 以后用 C20 干硬性细石混凝土将板下口堵严，当混凝土强度达到 10MPa 以上，撤去板下木楔，并用同等强度的干硬性砂浆灌实。

4.8　铺设电线管、稳接线盒

按电气安装图找准位置画出定位线，铺设电线管、稳接线盒。

4.8.1　所有电线管必须顺石膏板板孔铺设，严禁横铺和斜铺。

4.8.2　稳接线盒，先在板面钻孔扩孔（防止猛击），再用扁铲扩孔，孔要大小适度，要方正。孔内清理干净，先刷 SG791 胶液一道，再用 SG791 胶泥稳住接线盒。

4.9　安水暖、煤气管道卡

按水暖、煤气管道安装图找准标高和竖向位置，画出管卡定位线，在隔墙板上钻孔扩孔（禁止剔凿），将孔内清理干净，先刷 SG791 胶液一道，再用 SG791 胶泥固定管卡。

4.10　安装吊挂埋件

4.10.1　隔墙板上可安装碗柜、设备和装饰物，每一块板可设两个吊点，每个吊点吊重不大于 80kg。

4.10.2　在隔墙板上钻孔扩孔（防止猛击），孔内应清理干净，先刷 SG791 胶液一道，再用 SG791 胶泥固定埋件，待凝固后再吊挂设备。

4.11　安门窗框

一般采用先留门窗洞口，后安门窗框的方法。钢门窗框必须与门窗口板中的预埋件焊接。木门窗框用 L 型连接件连接，一边用木螺丝与木框连接，另一端与门窗口板中预埋件焊接。门窗框与门窗口板之间缝隙不宜超过 3mm，超过 3mm 时应加木垫片过渡。将缝隙浮灰清理干净，先刷 SG791 胶液一道，再用 SG791 胶泥嵌缝。嵌缝要严密，以防止门扇开关时碰撞门框造成裂缝。

4.12　板缝处理

隔墙板安装后 10d，检查所有缝隙是否粘结良好，有无裂缝，如出现裂缝，应查明原因后进行修补。已粘结良好的所有板缝、阴角缝，先清理浮灰，再刷 SG791 胶液粘贴 50mm 宽玻纤网格带，转角隔墙在阳角处粘贴 200mm 宽（每边各 100mm 宽）玻纤布一层。干后刮 SG791 胶泥，略低于板面。

4.13　板面装修

4.13.1　一般居室墙面，直接用石膏腻子刮平，打磨后再刮第二道腻子（要根据饰面要求选择不同强度的腻子），再打磨平整，最后做饰面层。

4.13.2　隔墙踢脚，一般板应先在根部刷一道胶液，再做水泥、水磨石踢脚；如做塑料、木踢脚，可不刷胶液，先钻孔打入木楔，再用钉钉在隔墙板上。

4.13.3　墙面贴瓷砖前须将板面打磨平整，为加强粘结，先刷 SG791 胶水（SG791 胶：水＝1：1）一道，再用 SG8407 胶调水泥（或类似的瓷砖胶）粘贴瓷砖。

4.13.4　如通板面局部有裂缝，在做喷浆前应先处理，才能进行下一工序。

5　质量标准

同一品种隔墙工程每 50 间（大面积房间和走廊按轻质隔墙的墙面 30m² 为一间）分为一检验批，不足 50 间也划为一个检验批。每个检验批至少抽查 20%，并不少于 6 间。不足 6 间应全数检查。

5.1　主控项目

5.1.1　增强石膏空心条板的各项技术指标必须满足有关标准所规定的要求。胶粘剂的配制原料的质量必须符合规定。

检查方法：观察、检查产品合格证书、进场验收记录和性能检测报告。

5.1.2　增强石膏空心条板其四边的粘结必须牢固。

检查方法：观察、手扳。

5.1.3　吊挂点埋件必须牢固，每一工程项目需作吊挂力的测试，测试记录应作为技术资料存档。

检查方法：观察、检查隐蔽验收记录。

5.2　一般项目

5.2.1　节点构造、构件位置、连接锚固方法，应全部符合设计要求。

检查方法：观察、手扳，检查施工记录。

5.2.2　隔墙板所有接缝处的粘结应牢固，应填塞密实，不应出现干缩裂缝。
检查方法：观察、尺量。

5.2.3　门窗框与门窗口板之间用电焊连接时，焊缝的长度应大于或等于 10mm，焊缝厚度不应小于 4mm。焊缝表面平整，无烧伤、凹陷、焊瘤、裂纹、咬过、气孔和夹渣等缺陷，其焊点表面应凹过板面 3mm。

检查方法：观察、检查产品合格证书、进场验收记录和性能检测报告、检查检验报告。

5.2.4　玻纤网格布条应沿板缝居中压贴紧密，不应有皱折。翘边、外露现象。

检查方法：观察。

5.2.5 允许偏差项目：

增强石膏空心隔墙板安装的允许偏差应符合表 23-1 的规定。

隔墙板安装允许偏差　　　　　　　　表 23-1

项次	项目	允许偏差（mm）	检查方法
1	表面平整	3	用 2m 靠尺和楔形塞尺检查
2	立面垂直	3	用 2m 托线板检查
3	阴阳角方正	2	用直尺和楔形塞尺检查
4	接缝高低差	3	用 200mm 方尺和楔形尺检查

6 成品保护

6.0.1 施工中各专业工种应紧密配合，合理安排工序，严禁颠倒工序作业。隔墙板粘结后 12h 内不得碰撞敲打，不得进行下道工序施工。

6.0.2 安装埋件时，宜用电钻钻孔扩孔，用扁铲扩方孔，不得对隔墙用力敲击。对刮完腻子的隔墙，不应进行任何剔凿。

6.0.3 在施工楼地面时，应防止砂浆溅污隔墙板。

6.0.4 严防运输小车等碰撞隔墙板及门口。

7 注意事项

7.1 应注意的质量问题

7.1.1 增强石膏空心条板必须是烘干已基本完成收缩变形的产品。未经烘干的湿板不得使用，以防止板裂缝和变形。

7.1.2 注意增强石膏空心条板的运输和保管。运输中应轻拿轻放，侧抬侧立并互相绑牢，不得平抬平放。堆放处应平整，下垫 100mm×100mm 木方。板应侧立，垫木方距板端 50cm。要防止隔墙板受潮变形，露天堆放时要有防雨措施。

板如有明显变形、无法修补的过大孔洞，断裂或严重裂缝及破损，不得使用。

7.1.3 各种材料应分类存放，并挂牌标明材料名称、规格，切勿用错。胶、粉、料应储存于干燥处，严禁受潮。

7.1.4 目前使用的胶粘剂应是聚醋酸乙烯类胶粘剂，不得使用 108 胶作胶粘剂。

7.2 应注意的安全问题

隔断工程的脚手架搭设应符合建筑施工安全标准。脚手架上搭设跳板应用钢丝绑扎固定，不得有探头板。工人操作应戴安全帽，注意防火。

7.3 应注意的绿色施工问题

7.3.1 施工现场必须工完场清。设专人洒水、打扫，不能扬尘污染环境。

7.3.2 有噪声的电动工具应在规定的作业时间内施工，防止噪声污染、扰民。

7.3.3 机电器具必须安装触电保护装置。发现问题立即修理。

7.3.4 遵守操作规程，非操作人员决不准乱动机具，以防伤人。

7.3.5 现场保护良好通风，但不宜过堂风。

8 质量记录

8.0.1 增强石膏空心条板质量合格证。

8.0.2 玻纤网格带质量合格证。

8.0.3 胶粘剂质量合格证。

8.0.4 板材隔墙工程检验批质量验收记录。

8.0.5 隔墙板吊挂力测试记录。

8.0.6 板材隔墙分项工程质量验收记录。

8.0.7 其他技术文件。

第4篇 涂 饰

第24章 木料表面溶剂型涂料涂饰

本工艺标准适用于工业与民用建筑木料表面溶剂型涂料涂饰工程的施工。

1 引用标准

《住宅装饰装修工程施工规范》GB 50327—2001；

《建筑涂饰工程施工及验收规程》JGJ/T 29—2015；

《建筑工程施工质量验收统一标准》GB 50300—2013；

《建筑装饰装修工程质量验收标准》GB 50210—2018；

《民用建筑工程室内环境污染控制规范》GB 50325—2010（2013年版）。

2 术语（略）

3 施工准备

3.1 作业条件

3.1.1 施工环境应通风良好，湿作业已完成并具备一定的强度，环境温度宜为5～35℃，相对湿度不得大于85%。未安玻璃前，应有防风措施，遇大风天气不得进行施工。

3.1.2 大面积施工前应先做样板间，经有关部门检查合格后，方可组织班组进行施工。

3.1.3 施工前，应对木门窗等木材进行检查，不合格的如变形应调换。木材制品含水率不大于12%。

3.1.4 高于3.6m作业时，应先搭设好脚手架，以便于操作为准。

3.2 材料及机具

3.2.1 涂料：光油、清油、铅油、调和漆、脂胶清漆、酚醛清漆、醇酸清漆、丙烯酸清漆、黑漆、醇酸磁漆、漆片等，应有产品合格证和产品说明书。

3.2.2 填充料：石膏粉、大白粉、氧化铁黄、氧化铁红、氧化铁黑、栗色料、纤维素等，应有产品合格证。

3.2.3 稀释剂：汽油、煤油、醇酸稀料、松节水、二甲苯、酒精等，应有产品合格证。

3.2.4 催干剂：钴催干剂等，应有产品合格证。

3.2.5 抛光剂：上光蜡、砂蜡等，应有产品合格证。

3.2.6 清洗剂：碳酸钠（火碱）、丙酮。

3.2.7 机具：油刷、开刀、牛角板、腻子板、拌腻子槽、钢皮刮板、橡皮刮板、铜丝滤网、砂纸、砂布、棉纱、麻绳、油桶、小油桶、油提、小笤帚、油勺、半截大桶、水桶、排笔、油画笔、毛笔、掏子、钢丝钳子、小锤子、钢丝刷、棉丝、麻丝、白布、圆木棍、小笤帚、纱滤网、擦布、指套、高凳、脚手板、安全带等。

4 操作工艺

4.1 工艺流程

基层处理 → 刷底油、润粉 → 刮腻子、磨光、刷色 → 刷第一遍涂料 → 刷第二遍涂料 → 刷最后一遍涂料 → 打砂蜡、擦上光蜡

4.2 基层处理

4.2.1 清扫、起钉子、除油污、刮灰土，刮时不得刮出木毛。

4.2.2 铲去脂囊，将脂迹刮净，挖掉流松香的节疤，较大的脂囊应用与木纹相同的材料用胶镶嵌。

4.2.3 磨砂纸：先磨线角后磨四口平面，顺木纹打磨，应磨平、磨光，并清扫干净。有小块活翘皮用小刀撕掉，有重皮的地方用小钉子钉牢固。

4.2.4 点漆片：在木节疤和油迹处，用酒精漆片点刷。

4.2.5 木材缺陷以及边角崩缺、钉孔、缝隙、木眼、节疤等，均应用腻子刮抹平整密实。所有门窗框、梃和榫头、线底、夹角等均应抹到，且抹后不留残渣，较大缺陷在高级涂料工程中应用与木纹相同的木块镶嵌。

4.3 刷底油、润粉

4.3.1 刷调和漆、磁漆底油时，涂刷清油一遍，厚薄应均匀。清油用光油、汽油配制，略加一些氧化铁红（避免漏刷不好区分），应涂刷均匀，不可漏刷。刷清油时，应从外向内、从左向右、从上向下进行，顺着木纹涂刷。刷门窗框时，不得污染墙面。

4.3.2 木窗刷调和漆时，刷好框子后刷亮子，亮子全部刷完后，将风钩钩住，再刷窗扇；如为两扇窗，应先刷左扇后刷右扇，三扇窗应最后刷中间一扇。

窗扇外面全部刷完后，用风钩钩住，然后再刷里面。

4.3.3 木门刷调和漆时先刷亮子再刷门框，门扇的背面刷完后，用木楔将门扇固定，最后刷门扇的正面。全部刷完后，检查有无漏刷，并注意里外门窗油漆分色是否正确，将小五金等处沾染的涂料擦净。此道工序也可在框或扇安装前完成。

4.3.4 清漆润粉时，用大白粉24（质量比）、松香水16、熟桐油2、颜料等混合搅拌成色油粉（颜色同样板颜色），不可调得太稀，以调成粥状为宜，盛在小油桶，油粉刷、擦均可，用棉丝蘸油粉反复涂于木材表面，擦进木材棕眼内，直至将棕眼擦平。墙面及五金上不得沾染油粉，待油粉干后，用1号砂纸轻轻顺木纹打磨，先磨线角、裁口，后磨平面，直至光滑。注意保护棱角，不得将棕眼内油粉磨掉，磨光后用湿布将磨下的粉末、灰尘擦净。

4.4 刮腻子、磨光、刷色

4.4.1 刮腻子

1 调和漆、磁漆腻子的质量配合比为石膏粉：熟桐油：水＝20：7：50。待操作的清油干透后，将钉孔、裂缝、节疤以及边棱残缺处，用石膏油腻子刮抹平整，腻子宜横抹竖起，将腻子刮入钉孔或裂纹内。如接缝或裂纹较宽、孔洞较大，可用开刀将腻子挤入缝洞内，使腻子嵌入后刮平、收净，表面上的腻子应刮光，无野腻子、残渣。上下冒头、榫头等处均应抹到。

2 清漆腻子的质量配合比为石膏粉：熟桐油：水＝20：7：50，并加颜料调成石膏色腻子（颜色浅于样板1色～2色），腻子油性不可过大或过小，且颜色一致。用开刀或牛角板将腻子刮入钉孔、裂纹、棕眼内，刮抹时横抹竖起，如接缝或节痕较大，应用开刀、牛角板将腻子挤入缝内，然后抹平。腻子应刮光、刮到，不留野腻子，干后如收缩应补平。

4.4.2 磨光

待腻子干透后，用1号砂纸轻轻顺木纹打磨，先磨线角、裁口、后磨四口平面，注意保护棱角，来回打磨至光滑，磨完后用湿布将磨下的粉末擦净。

4.4.3 清漆刷色

1 先将铅油（或调和漆）、汽油、光油、清油等混合在一起过筛（颜色同样板颜色），然后倒在小油桶内，使用时经常搅拌，以免沉淀造成颜色不一致。

2 刷油色时，应从外向内、从左向右、从上向下进行，顺着木纹涂刷。刷门窗框时，不得污染墙面，刷到接头处颜色一致。刷油色时动作应敏捷，要求无缕无节，横平竖直，刷油时刷子应轻飘，避免出刷绺。

3 刷木窗时，刷好框子后再刷亮子，亮子全部刷完后，将风钩钩住，再刷窗扇；如为双扇窗，应先刷左扇后刷右扇，三扇窗应最后刷中间扇；纱窗扇先刷外面后刷里面。

4 刷木门时,先刷亮子后刷门框,门扇的背面刷完后用木楔将门扇固定,最后刷门扇正面;全部刷好后,检查是否有漏刷,小五金上沾染的油色应及时擦净。

5 油色涂刷后,要求木材色泽一致,并不盖住木纹。每一个刷面应一次刷好,不留接头。两个刷面交接棱口不应互相沾油,沾油后应及时擦掉,达到颜色一致。

4.5 刷第一遍涂料

4.5.1 刷涂料

1 调和漆刷铅油:将色铅油、光油、清油、汽油、煤油等(冬季可加入适量催干剂)混合在一起搅拌过滤,其质量配合比为色铅油50%、光油10%、清油8%、汽油20%、煤油10%。可使用红、黄、蓝、白、黑铅油,调配成各种颜色的铅油涂料,其稠度以达到盖底、不流淌、不显刷痕为宜,要厚薄均匀。一樘门或窗应一次刷完,并检查有无漏刷、流坠、裹棱及透底,最后将窗扇打开用风钩固定。木门扇下口应用木楔固定。

2 刷清漆:刷法与刷油色相同,但刷第一遍用的清漆应略加一些稀料便于快干。因清漆黏性较大,宜使用已用出刷口的旧刷子,刷时应注意不流、不坠,涂刷均匀。

3 刷磁漆:第一遍磁漆可加入适量醇酸稀料,涂刷应横平竖直,不得漏刷和流坠,待漆干后进行磨砂纸、清扫。

4 每遍涂料间隔时间,一般夏季约6h,春、秋季约12h,冬季约24h。

4.5.2 抹腻子:待涂料干透后,底腻子收缩或残缺处再用石膏腻子刮抹一次,要求同本标准第4.4.1条。

4.5.3 磨砂纸:等腻子干透后,用1号以下的砂纸打磨,要求同本标准第4.4.2条,磨好后用湿布将粉末擦净。

4.5.4 清漆点漆片修色:漆片用酒精溶解后加入适量的石性颜料配制而成。对已刷过第一遍漆的腻子疤、钉眼等处进行修色,漆片加颜料应根据当时颜色深浅灵活掌握,修好的颜色与原来颜色要基本一致。

4.6 刷第二遍涂料

4.6.1 刷涂料

1 调和漆刷铅油:同刷第一遍涂料。

2 刷清漆:清漆不加稀释剂(冬季可略加催干剂),刷油动作敏捷,多刷多理,清漆涂刷应饱满一致、不流不坠、光亮均匀,刷完后仔细检查一遍,有毛病及时纠正。刷此遍清漆时,周围环境应清洁,暂时禁止通行,最后将木门窗用风钩或木楔固定牢固。

3 刷磁漆：第二遍磁漆不加稀料，涂刷不得漏刷和流坠。干后磨水砂纸，如表面疤痕多，可用 280 号水砂纸磨；如局部有不光不平，应及时复补腻子，待腻子干后，磨砂纸、清扫并用湿布擦净。刷完第二遍磁漆后，便可进行玻璃安装。

4 刷丙烯酸清漆：丙烯酸清漆由甲、乙组分配成，其质量配合比：一号为 40%，二号为 60%，并根据当时气候加适量稀释剂二甲苯。刷时应动作快，刷纹通顺，厚薄均匀一致，不流不坠，不得漏刷，干后用 320 号水砂纸打磨、湿布擦净。

4.6.2 磨砂纸：用湿布将玻璃内外擦拭干净，然后用 1 号砂纸或旧细砂纸轻磨一遍，要求同本标准第 4.4.2 条。注意不得把底油磨穿，应保护好棱角，磨完再用湿布将磨下的粉末擦净，使用新砂纸时应将两张砂纸对磨，把粗大砂粒磨掉，防止磨砂纸时将油膜划破。

4.7　刷最后一遍涂料

4.7.1 刷调和漆，由于调和漆黏度较大，涂刷时宜多刷多理，刷油应饱满，刷油动作应敏捷，不流不坠，光亮均匀，色泽一致。在玻璃油灰上刷油，应待油灰达到一定强度后方可进行，刷时宜轻，油应均匀，不损伤油灰表面光滑，八字见线。刷完后应立即检查一遍，发现有毛病要及时修整。最后将门窗打开，用风钩或木楔固定。

4.7.2 刷清漆：第二遍清漆干透后，先用水砂布磨光，后刷第三遍清漆，涂料涂刷的方法同刷第二遍清漆。

4.7.3 刷磁漆：涂料涂刷方法与要求同刷第二遍，这一遍可用 320 号水砂纸打磨，但不得磨破棱角，应达到平、光，磨好以后应清扫并用湿布擦净待干。

4.7.4 刷丙烯酸清漆：待第一遍刷后 4～6h，可刷第二遍丙烯酸清漆，刷的方法和要求同第一遍。刷后第二天用 280～320 号水砂纸打磨，磨砂纸应用力均匀，从有光磨至无光直至"断斑"，不得磨破棱角，磨后应擦抹干净。

4.8　打砂蜡、擦上光蜡

4.8.1 磁漆、丙烯酸清漆打砂蜡：用棉丝蘸上砂蜡涂满一个门面或窗面，用手按棉丝来回揉擦往返多次，揉擦时应用力均匀，擦至出现暗光、大小面上下一致为止，并不得磨破棱角，最后用棉丝蘸汽油将浮蜡擦洗干净。

4.8.2 磁漆、丙烯酸清漆擦上光蜡：用干净白布将上光蜡包在里面，收口扎紧，用手揉擦，擦匀、擦净直到光亮。

5 质量标准

5.1 主控项目

5.1.1 涂饰工程选用的材料品种、型号、性能应符合设计要求及国家现行标准的有关规定。

5.1.2 涂饰工程应涂饰均匀、粘结牢固，不得漏涂、透底、开裂、起皮和掉粉。

5.1.3 涂饰工程颜色、光泽、图案应符合设计要求。

5.1.4 基层处理应符合《建筑装饰装修工程质量验收标准》GB 50210—2018 中 12.1.5 条的有关规定，木材基层的含水率不得大于 12%。

5.2 一般项目

5.2.1 色漆的涂饰质量应符合表 24-1 的规定。

色漆的涂饰质量　　　　　　　　　　　　表 24-1

项目	普通涂饰	高级涂饰
颜色	均匀一致	均匀一致
光泽、光滑	光泽基本均匀，光滑，无挡手感	光泽均匀一致，光滑
刷纹	刷纹通顺	无刷纹
裹棱、流坠、皱皮	明显处不允许	不允许
装饰线、分色线直线度允许偏差（mm）	2	1

注：无光色漆不检查光泽。

5.2.2 清漆的涂饰质量应符合表 24-2 的规定。

清漆的涂饰质量　　　　　　　　　　　　表 24-2

项目	普通涂饰	高级涂饰
颜色	基本一致	基本一致
木纹	棕眼刮平、木纹清楚	棕眼刮平、木纹清楚
光泽、光滑	光泽基本均匀，光滑，无挡手感	光泽均匀一致，光滑
刷纹	无刷纹	无刷纹
裹棱、流坠、皱皮	明显处不允许	不允许

5.2.3 涂层与其他装修材料和设备衔接处应吻合，界面应清晰。

5.2.4 涂饰工程允许偏差应符合表 24-3 的规定。

涂饰工程的允许偏差 表 24-3

项次	项目	允许偏差（mm）			
		色漆		清漆	
		普通涂饰	高级涂饰	普通涂饰	高级涂饰
1	立面垂直度	4	3	3	2
2	表面平整度	4	3	3	2
3	阴阳角方正	4	3	3	2
4	装饰线、分色线直线度	2	1	2	1
5	墙裙、勒脚上口直线度	2	1	2	1

6 成品保护

6.0.1 涂饰涂料前，应先将地面、窗台等处周围环境清扫干净，防止尘土飞扬，影响涂料质量，涂料干燥前，应防止雨淋、尘土污染和热空气的侵袭。

6.0.2 每遍涂料刷完后，都应将门窗用风钩钩牢或用木楔固定，防止扇与框涂层黏结门窗扇玻璃损坏。

6.0.3 刷完涂料后，应立即将滴在地面或窗台上的涂料擦干净，污染墙面及五金、玻璃的涂料也应及时清擦干净。

6.0.4 涂料施涂完毕、未干前，应派专人负责看管，重要部位应有标志牌，防止触摸。

6.0.5 注意不得磕碰和弄脏门窗扇，掉在地面上的油迹应及时清擦干净。

7 注意事项

7.1 应注意的质量问题

7.1.1 门窗的上下冒头和靠合页小面，以及门窗框、压缝条的上下端，不得漏刷涂料。

7.1.2 合页槽、上下冒头、楔头、钉孔、裂缝、节疤和边棱残缺处等，不得缺腻子、缺打砂纸。

7.1.3 涂料稠度、涂层厚度及施工环境温度应适宜，并应采用适当的操作顺序和方法防止产生流坠、裹棱等。

7.1.4 应采用适宜的油刷，油刷用稀料泡软后使用；涂料稠度应适宜，不得产生明显刷纹。

7.1.5 应控制涂料中桐油含量、溶剂挥发速度、涂层厚度等，兑配应均匀，加催干剂应适量，避免产生皱纹。

7.1.6 严格控制施工环境相对湿度，木材面应平整，底漆应干透，稀释剂应适量，防止产生局部漆面失去光泽的倒光现象。

　　7.1.7　应注意施工前用湿布擦净基层，涂料应过滤网，严禁刷油时扫地或刮大风时刷油，避免造成油漆表面粗糙。

　　7.1.8　腻子应刮饱满，表面用砂纸打磨平整，防止棱角腻子不平整。

　　7.1.9　磨水砂纸和打砂蜡时不宜用力过猛，宜轻擦轻打，保持棱角完整。

　　7.2　应注意的安全问题

　　7.2.1　在使用挥发性、易燃性溶剂稀释的涂料时，不得使用明火，严禁吸烟。

　　7.2.2　沾染溶剂型涂料或稀释油类的棉纱、破布等物，应全部收集存放在有盖的金属箱内，待不能使用时应集中销毁或用碱剂将油污洗净以备再用。

　　7.2.3　刷涂窗的涂料时，严禁站或骑在窗棂上操作，以防棂断人落。

　　7.2.4　刷涂外开窗扇时，应将安全带挂在牢靠的地方。高空作业时必须系安全带。

　　7.2.5　刷涂作业过程中，操作人员如感到头痛、恶心、心闷或心悸时，应立即停止作业到户外呼吸新鲜空气。

　　7.2.6　工作现场不得有明火，严禁吸烟，周围不准堆积易燃物，施工现场及油料库房应备足灭火器具。

　　7.2.7　使用高凳、跳板等操作时应事先检查，高凳应设置拉结搭钩，油工不得任意搭拆脚手架。

　　7.2.8　每班工作完毕后，应将工具及残余材料送回库房保管。

　　7.2.9　施工场地应有良好的通风条件，如在通风条件不好的场地施工，必须安置通风设备。

　　7.2.12　涂刷大面积涂料的场地，室内照明和电气设备必须按防爆等级规定进行安装。

　　7.3　应注意的绿色施工问题

　　7.3.1　项目部在开工前，项目经理组织有关人员编制控制措施，纳入项目环境管理方案，确保满足相关法律法规要求。该管理方案经项目经理批准后，应逐级传递到相关责任人员。

　　7.3.2　所用涂料的有害物质应符合《民用建筑工程室内环境污染控制规范》GB 50325—2010（2013年版）的规定。

　　7.3.3　脚手架支设、拆除、搬运、修理噪声的控制：必须轻拿轻放，上下、左右有人传递；项目部必须在施工场界设立钢管修理房场所。修理时，禁止用大锤敲打；切割钢管时，及时在锯片上刷油，且锯片送速不能过快。

　　7.3.4　必须单独存放的涂料及化学危险品，应根据物资特性分别选择适当的地点分库贮存，严禁与其他物资和危险品混储、混运。仓库应符合消防安全有关规定，保持足够的安全距离，设置醒目的标识。

7.3.5　使用涂料及化学危险品必须按照环境保护的有关规定，妥善处理废水、废液、废料、废渣。施工时必须严格遵守操作规程，严格用火管理。

7.3.6　使用涂料及化学危险品前对盛装容器进行检查，按使用说明进行操作，消除隐患，防止火灾、爆炸、中毒等事故的发生。

8　质量记录

8.0.1　材料的出厂合格证、质量检验报告。

8.0.2　溶剂性涂料涂饰工程检验批质量验收记录。

8.0.3　溶剂性涂料涂饰分项工程质量验收记录。

第25章 金属表面溶剂型涂料涂饰

本工艺标准适用于工业与民用建筑金属表面溶剂型涂料涂饰工程的施工。

1 引用标准

《住宅装饰装修工程施工规范》GB 50327—2001；

《建筑涂饰工程施工及验收规程》JGJ/T 29—2015；

《建筑工程施工质量验收统一标准》GB 50300—2013；

《建筑装饰装修工程质量验收标准》GB 50210—2018；

《民用建筑工程室内环境污染控制规范》GB 50325—2010（2013年版）。

2 术语（略）

3 施工准备

3.1 作业条件

3.1.1 施工环境应通风良好，湿作业已完成并具备一定的强度，环境温度宜为5～35℃，相对湿度不得大于85%。

3.1.2 大面积施工前应事先做样板间，经有关质量部门检查合格后，方可组织班组进行施工。

3.1.3 施工前应对钢门窗和金属面外形进行检查，变形不合格的应调换。

3.1.4 在高于3.6m处进行作业时，应事先搭设好脚手架，以便于操作为准。

3.2 材料及机具

3.2.1 涂料：光油、清油、铅油、调和漆、磁漆、防锈漆等，应有产品合格证及产品使用说明书。

3.2.2 填充料：石膏粉、大白粉、氧化铁红、氧化铁黑、纤维素等，应有产品合格证。

3.2.3 稀释剂：汽油、煤油、醇酸稀料、松香水、酒精等，应有产品合格证。

3.2.4 催干剂：钴催干剂等，应有产品合格证。

3.2.5　机具：油刷、开刀、牛角板、油画笔、掸子、棉纱、铜丝滤网、小扫帚、砂纸、砂布、腻子板、拌腻子槽、铁皮刮板、橡皮刮板、小油桶、油勺、半截大桶、水桶、钢丝钳子、小锤子、钢丝刷、高凳、脚手板、安全带等。

4　操作工艺

4.1　工艺流程

基层处理 → 刷防锈漆 → 刮腻子、磨光 → 刷第一遍涂料 → 刷第二遍涂料 → 刷第三遍涂料

4.2　基层处理

将钢门窗和金属表面上浮土、油渍、鳞皮、锈斑、焊渣、毛刺等清除干净。

4.3　刷防锈漆

4.3.1　已刷防锈漆但出现锈斑的金属表面，应用铲刀铲除底层防锈漆，然后用钢丝刷和砂布彻底打磨干净，补刷一道防锈漆。待防锈漆干透后，将金属表面的砂眼、凹坑、缺棱、拼缝等处用石膏腻子刮抹平整。

4.3.2　石膏腻子的质量配合比为：石膏粉 20，熟桐油 5，油性腻子或醇酸腻子 10，底漆 7，水适量。腻子应调成不软、不硬、不出蜂窝、挑丝不倒为宜。

4.3.3　待腻子干透后，用 1 号砂纸打磨，磨完砂纸后用湿布将表面上的粉末擦干净。

4.4　刮腻子、磨光

4.4.1　用开刀或橡皮刮板在钢门窗或金属表面上满刮一遍石膏腻子，要求刮得薄、收得干净、均匀平整、均匀平整、无飞刺。

4.4.2　等腻子干透后，用 1 号砂纸打磨，注意保护棱角，应达到表面光滑、线角平直、整齐一致。

4.5　刷第一遍涂料

4.5.1　涂料用色铅油 50％、光油 10％、清油 8％、汽油 20％、煤油 10％（质量比）配制成，经搅拌后过滤，冬季宜加适量催干剂。油的稠度以达到盖底、不流淌、不显刷痕为宜，铅油的颜色应符合样板颜色。刷门框时不得刷到墙上。刷钢窗时，框子刷好后再刷亮子，全部亮子刷完后再刷窗扇。刷窗扇时，两扇窗应先刷左扇后刷右扇，三扇窗应最后刷中间一扇。窗扇外部全部刷完后，用风钩钩住再刷里面。

4.5.2　刷钢门时先刷亮子，再刷门框，门扇背面刷完后，用木楔将门扇下口固定，最后刷门窗正面。全部刷完后，检查一下有无遗漏，分色是否正确，并将小五金等处沾染的涂料擦干净。线角和阴阳角处应无流坠、漏刷、裹棱、

137

透底。

4.5.3　复补腻子：待油漆干透，在底腻子收缩或残缺处用石膏腻子补抹一次。待腻子干透后用1号砂纸打磨，要求同满刮腻子。磨好后用湿布将磨下的粉末擦净，刷完第一遍涂料后方可进行玻璃安装。

4.6　刷第二遍涂料

4.6.1　刷铅油：同刷第一遍涂料。

4.6.2　磨砂纸：应用1号砂纸或旧砂纸轻磨一遍，要求同满刮腻子，磨好后用湿布将磨下的粉末擦干净。

4.7　刷第三遍涂料

由于调和漆黏度较大，涂刷时应多刷多理，刷油应饱满，刷油动作应敏捷，不流不坠，光亮均匀，色泽一致。在玻璃油灰上刷油，应待油灰达到一定强度后进行，刷时宜轻，油应均匀，不损伤油灰表面光滑，八字见线。刷完后应立即检查一遍，最后将门窗扇打开，用风钩或木楔固定。

5　质量标准

5.1　主控项目

5.1.1　涂饰工程选用的材料品种、型号、性能应符合设计要求及国家现行标准的有关规定。

5.1.2　涂饰工程应涂饰均匀、粘结牢固，不得漏涂、透底、开裂、起皮和掉粉。

5.1.3　涂饰工程颜色、光泽、图案应符合设计要求。

5.1.4　基层处理应符合《建筑装饰装修工程质量验收标准》GB 50210—2018中12.1.5条的有关规定。

5.2　一般项目

5.2.1　色漆的涂饰质量应符合表25-1的规定。

色漆的涂饰质量　　　　　　　　　　　　　　　　　表25-1

项目	普通涂饰	高级涂饰
颜色	基本一致	均匀一致
光泽、光滑	光泽基本均匀，光滑，无挡手感	光泽均匀一致，光滑
刷纹	刷纹通顺	无刷纹
裹棱、流坠、皱皮	明显处不允许	不允许
装饰线、分色线直线度允许偏差（mm）	2	1

注：无光色漆不检查光泽。

5.2.2 涂层与其他装修材料和设备衔接处应吻合，界面应清晰。

5.2.3 涂饰工程允许偏差应符合表 25-2 的规定。

涂饰工程的允许偏差

表 25-2

项次	项目	允许偏差（mm）	
		普通涂饰	高级涂饰
1	立面垂直度	4	3
2	表面平整度	4	3
3	阴阳角方正	4	3
4	装饰线、分色线直线度	2	1
5	墙裙、勒脚上口直线度	2	1

6　成品保护

6.0.1 每遍涂料涂刷前，都应将地面、窗台清扫干净，防止尘土飞扬而影响油漆质量。

6.0.2 每遍涂料刷完后，都应将门窗用风钩钩住或用木楔固定，防止框与扇涂料黏结或门窗玻璃损坏。

6.0.3 涂料涂刷后，立即将滴在地面、窗台、墙面和五金上的涂料清擦干净。

6.0.4 涂料工程完成后，应派专人负责看管和管理，禁止摸碰。

7　注意事项

7.1　应注意的质量问题

7.1.1 钢门窗等金属构件在安装前应涂刷防锈漆，防止金属表面发生反锈现象。钢门窗的上下冒头、靠合页小面以及门窗框、压缝条的上下端，不得漏刷涂料。

7.1.2 合页槽、上下冒头、框件接头、钉孔、拼缝及边棱残缺处等，不得缺腻子、缺砂纸。

7.1.3 涂料稠度、漆膜厚度及施工环境温度应适宜，并应采用适当的操作顺序和方法，防止产生流坠、裹棱等。

7.1.4 应采用适宜的油刷，油刷用稀料泡软后使用，涂料稠度应适宜，不得产生明显刷纹。

7.1.5 涂料质量应良好，兑配均匀，催干剂适量，避免产生皱皮。

7.1.6 严格控制施工环境的相对湿度，金属表面应平整，底漆应干透，稀释剂应适宜，防止产生局部漆面失去光泽的倒光现象。

7.2　应注意的安全问题

7.2.1　施工现场应有良好的通风条件，如在通风条件不好的场地施工，必须安置通风设备。

7.2.2　在使用挥发性、易燃性溶剂的涂料时不得使用明火，严禁吸烟。

7.2.3　高空作业时必须系安全带。

7.2.4　涂刷大面积涂料的场地，室内照明和电气设备必须按防爆等级规定进行安装。

7.2.5　操作人员在施工时感觉头痛、心悸或恶心时，应立即离开工作地点，到通风处。

7.3　应注意的绿色施工问题

7.3.1　项目部在开工前，项目经理组织有关人员编制控制措施，纳入项目环境管理方案，确保满足相关法律法规要求。该管理方案经项目经理批准后，应逐级传递到相关责任人员。

7.3.2　所用涂料的有害物质应符合《民用建筑工程室内环境污染控制规范》GB 50325—2010（2013 年版）的规定。

7.3.3　脚手架支设、拆除、搬运、修理噪声的控制：必须轻拿轻放，上下、左右有人传递；项目部必须在施工场界设立钢管修理房场所。修理时，禁止用大锤敲打；切割钢管时，及时在锯片上刷油，且锯片送速不能过快。

7.3.4　必须单独存放的涂料及化学危险品，应根据物资特性分别选择适当的地点分库贮存，严禁与其他物资和危险品混储、混运。仓库应符合消防安全有关规定，保持足够的安全距离，设置醒目的标识。

7.3.5　使用涂料及化学危险品必须按照环境保护的有关规定，妥善处理废水、废液、废料、废渣。施工时必须严格遵守操作规程，严格用火管理。

7.3.6　使用涂料及化学危险品前对盛装容器进行检查，按使用说明进行操作，消除隐患，防止火灾、爆炸、中毒等事故的发生。

8　质量记录

8.0.1　材料的出厂合格证、质量检验报告。

8.0.2　溶剂性涂料涂饰工程检验批质量验收记录。

8.0.3　溶剂性涂料涂饰分项工程质量验收记录。

第 26 章　混凝土及抹灰表面涂料涂饰

本工艺标准适用于工业与民用建筑混凝土及抹灰表面涂料涂饰工程的施工。

1　引用标准

《住宅装饰装修工程施工规范》GB 50327—2001；

《建筑涂饰工程施工及验收规程》JGJ/T 29—2015；

《建筑工程施工质量验收统一标准》GB 50300—2013；

《建筑装饰装修工程质量验收标准》GB 50210—2018；

《民用建筑工程室内环境污染控制规范》GB 50325—2010（2013 年版）；

《合成树脂乳液外墙涂料》GB/T 9755—2014；

《合成树脂乳液内墙涂料》GB/T 9756—2009；

《溶剂型外墙涂料》GB/T 9757—2001；

《建筑室内用腻子》JG/T 298—2010；

《外墙柔性腻子》GB/T 23455—2009；

《外墙无机建筑涂料》JG/T 26—2002。

2　术语（略）

3　施工准备

3.1　作业条件

3.1.1　墙面基层应基本干燥。涂刷溶剂型涂料时，含水率不得大于 8％；涂刷乳液型涂料时，含水率不得大于 10％。一般新墙干燥 15d 后即可涂刷，且 pH 值应小于 10。

3.1.2　抹灰作业已全部完成，过墙管道、洞口、阴阳角等应提前处理完毕。

3.1.3　门窗玻璃应提前安装完毕，湿作业的地面施工完毕，管道设备安装后，试水试压已完成。

3.1.4　大面积施工前应事先做好样板间，经有关部门检查合格后，方可组织班组进行施工。

3.1.5　外用吊篮已安装完成并验收合格。

3.1.6　施工时环境温度为 5～35℃，相对湿度不得大于 80％。

3.2　材料及机具

3.2.1　涂料：应有产品合格证及产品说明书。

3.2.2　腻子：应用产品合格证及产品说明书。

3.2.3　颜料：各色无机颜料，应有产品合格证。

3.2.4　主要机具：吊篮、高凳、脚手板、小铁锹、擦布、开刀、腻子托板、钢皮刮板、橡皮刮板、半截大桶、小油桶、铜丝滤网、砂纸、扫帚、刷子、排笔等。

4　操作工艺

4.1　工艺流程

基层处理 → 修补腻子、磨平 → 满刮腻子、磨平 → 刷第一遍涂料 →

刷第二遍涂料 → 刷第三遍涂料。

4.2　基层处理

将基层上起皮、松动及鼓泡等清除凿平，用 1∶3 的水泥砂浆或聚合物水泥砂浆修补；将残留在基层表面上的灰尘、污垢、溅沫和砂浆流痕等杂物清扫干净。

4.3　修补腻子、磨平

修补前，先涂刷一遍用三倍水稀释的胶粘剂，然后用石膏腻子将基层上磕碰的坑凹、缝隙等处分遍找平，干燥后用 1 号砂纸将凸出处磨平，并将浮尘等扫净。

4.4　满刮腻子、磨平

4.4.1　腻子应采用成品腻子，并与涂料种类相匹配，与使用环境相适应，按产品说明书进行配制。

4.4.2　刮腻子的遍数应由基层的平整度确定，一般不少于两遍。即第一遍用胶皮刮板横向满刮，一刮板紧接着一刮板，接头不得留槎，每刮一刮板的最后收头应干净平顺。干燥后磨砂纸，然后竖向满刮，所用材料和方法同第一遍腻子，干燥后用砂纸磨平并清扫干净。注意不要漏磨或将腻子磨穿。

4.5　刷第一遍涂料

4.5.1　涂刷顺序为先顶板后墙面，刷墙面时应先上后下。先将墙面清扫干净，再用布将粉土擦净。使用新排笔涂刷时，应将排笔上的浮毛和不牢固的毛理掉。

4.5.2　涂料使用前应搅拌均匀，按产品使用说明书适当稀释。干燥后复补腻子，待复补腻子干燥后用砂纸磨光，并清扫干净。

4.6　刷第二遍涂料

操作要求同刷第一遍涂料，使用前应充分搅拌，水性涂料若稠度不大，不宜加水或尽量少加水，以防露底。涂膜干燥后，用细砂纸将墙面小疙瘩和排笔毛打磨掉，磨光后清扫干净。

4.7　刷第三遍涂料

做法同第二遍涂料，应连续快速操作，涂刷时从一头开始，逐渐刷向另一头，应注意上下顺刷互相衔接，避免干燥后出现接头。

5　质量标准

5.1　主控项目

5.1.1　涂饰工程选用涂料的品种，型号和性能应符合设计要求。

5.1.2　涂饰工程应涂饰均匀、黏粘牢固，不得掉粉、脱皮、漏刷和透底。

5.1.3　涂饰工程的颜色、图案应符合设计要求。

5.1.4　基层处理：新建筑物的混凝土或抹灰层在涂饰前，应涂刷抗碱封闭底漆。旧墙面在涂饰涂料前，应清除疏松的旧装修层，并涂刷界面剂。基层含水率应符合规定。基层腻子应平整、坚实、牢固，无粉化、起皮、和裂缝；内墙腻子的黏结强度应符合《建筑室内用腻子》JG/T 3049 的规定。厨房、卫生间墙面必须使用耐水腻子。

5.2　一般项目

5.2.1　溶剂性涂料的涂饰质量应符合表 26-1 的规定。

涂料的涂饰质量 　　　　　　　　　　　　　　表 26-1

项目	普通涂饰	高级涂饰
颜色	基本一致	均匀一致
光泽、光滑	光泽基本均匀，光滑，无挡手感	光泽均匀、光滑
刷纹	刷纹通顺	无刷纹
裹棱、流坠、皱皮	明显处不允许	不允许

注：无光色漆不检查光泽。

5.2.2　水性涂料的涂饰质量应符合表 26-2 的规定。

水性涂料的涂饰质量 　　　　　　　　　　　表 26-2

项次	项目	薄涂料		厚涂料	
		普通涂饰	高级涂饰	普通涂饰	高级涂饰
1	颜色	均匀一致	均匀一致	均匀一致	均匀一致
2	光泽、光滑	光泽基本均匀，光滑无挡手感	光泽均匀一致，光滑	光泽基本均匀	光泽均匀一致
3	泛碱、咬色	允许少量轻微	不允许	允许少量轻微	不允许
4	流坠、疙瘩	允许少量轻微	不允许	—	—
5	砂眼、刷纹	允许少量轻微砂眼、刷纹通顺	无砂眼，无刷纹	—	—
6	点状分布	—	—	—	疏密均匀

5.2.3 涂层与其他装修材料和设备衔接处应吻合，界面应清晰。

5.2.4 涂饰工程允许偏差应符合表 26-3 的规定。

涂饰工程的允许偏差　　　　　　　　　　　　　表 26-3

项次	项目	允许偏差（mm）					
		溶剂性涂料		水性涂料			
		普通涂饰	高级涂饰	薄涂料普通涂饰	薄涂料高级涂饰	厚涂料普通涂饰	厚涂料高级涂饰
1	立面垂直度	4	3	3	2	4	3
2	表面平整度	4	3	3	2	4	3
3	阴阳角方正	4	3	3	2	4	3
4	装饰线、分色线直线度	2	1	2	1	2	1
5	墙裙、勒脚上口直线度	2	1	2	1	2	1

6　成品保护

6.0.1 涂料面层未干前，室内不得清扫地面，以免粉尘污染面层；漆面干燥后不得接近墙面泼水，以免泥水污染。

6.0.2 最后一遍涂料施涂完后，室内空气应流通，预防漆膜干燥后表面光泽不足。

6.0.3 涂料面层完工后应妥善保护，不得碰撞损坏。

6.0.4 施涂墙面时，不得污染地面、踢脚线、阳台、窗台、门窗和玻璃等。

7　注意事项

7.1　应注意的质量问题

7.1.1 漆膜厚度应适宜，刷涂料时不得漏刷，保持涂料的稠度，以免产生透底现象。

7.1.2 涂刷时应上下顺刷，后一排笔紧接前一排笔，时间间隔宜短，不得出现明显接槎。

7.1.3 乳胶漆的稠度应适中，排笔蘸涂料量应适当，涂刷时应多理、多顺，防止刷纹过大。

7.1.4 施工前应按标高弹画好分色线，刷分色线时应用力均匀，起落宜轻，排笔蘸量应适当，脚手架应通长搭设，从上向下或从左向右刷，防止分色线不齐。

7.1.5　涂刷带颜色的乳胶漆时，配料应合适，保证独立面每遍用同一批涂料，并宜一次用完，确保颜色一致。

7.1.6　用于外墙外保温系统的涂饰材料必须满足外墙外保温系统的吸水性和透气性要求，且应与系统相匹配。

7.2　应注意的安全问题

7.2.1　人字梯必须设有搭钩，高度超过 3.6m 以上应由架子工搭设脚手架。

7.2.2　脚手架不得搭在人字梯最上一档，跳板中间不得同时站两人操作。

7.2.3　操作地点应保持良好的通风环境，施工时严禁吸烟。

7.2.4　刷顶棚时，脚手架高度距顶棚以 1.8m 为宜；刷墙时，脚手架距墙面以 300mm 为宜。

7.3　应注意的绿色施工问题

7.3.1　项目部在开工前，项目经理组织有关人员编制控制措施，纳入项目环境管理方案，确保满足相关法律法规要求。该管理方案经项目经理批准后，应逐级传递到相关责任人员。

7.3.2　脚手架支设、拆除、搬运、修理噪声的控制：必须轻拿轻放，上下、左右有人传递；项目部必须在施工场界设立钢管修理房场所。修理时，禁止用大锤敲打；切割钢管时，及时在锯片上刷油，且锯片送速不能过快。

7.3.3　必须单独存放的涂料及化学危险品，应根据物资特性分别选择适当的地点分库贮存，严禁与其他物资和危险品混储、混运。仓库应符合消防安全有关规定，保持足够的安全距离，设置醒目的标识。

7.3.4　使用涂料及化学危险品必须按照环境保护的有关规定，妥善处理废水、废液、废气、废渣。用油品化学危险品必须严格遵守操作规程，严格用火管理。

7.3.5　使用涂料及化学危险品前对盛装油品化学危险品的容器进行检查，按使用说明进行操作，消除隐患，防止火灾、爆炸、中毒等事故的发生。

7.3.6　内外墙涂饰材料应符合《室内装饰装修材料内墙涂料中有害物质限量》GB 18582—2008、《民用建筑工程室内环境污染控制规范》GB 50325—2010（2013 年版）以及《建筑用外墙涂料中有害物质限量》GB 24408—2009 的规定。

8　质量记录

8.0.1　材料的出厂合格证、质量检验报告。

8.0.2　涂料涂饰检验批工程质量验收记录。

8.0.3　涂料涂饰分项工程质量验收记录。

第27章　混凝土及抹灰表面复层涂料涂饰

本工艺标准适用于工业与民用建筑室外混凝土及抹灰表面复层涂料涂饰工程的施工。

1　引用标准

《住宅装饰装修工程施工规范》GB 50327—2001；

《建筑涂饰工程施工及验收规程》JGJ/T 29—2015；

《建筑工程施工质量验收统一标准》GB 50300—2013；

《建筑装饰装修工程质量验收标准》GB 50210—2018；

《复层建筑涂料》GB/T 9779—2015；

《外墙柔性腻子》GB/T 23455—2009；

《建筑室内用腻子》JG/T 298—2010；

《合成树脂乳液砂壁状建筑涂料》JG/T 24—2000。

2　术语（略）

3　施工准备

3.1　作业条件

3.1.1　脚手架或吊篮已搭设完毕，并验收合格。

3.1.2　墙面孔洞已修补。

3.1.3　门窗设备管线已安装，洞口已堵严抹平。

3.1.4　不涂饰的部位（采用喷、弹涂时）已遮挡。

3.1.5　施工前应事先做好样板，经有关质量部门检查鉴定合格后，方可组织大面积施工。

3.1.6　施工现场环境温度宜在 5～35℃之间，并注意防尘。

3.2　材料及机具

3.2.1　复层涂料：涂料的品种应按设计要求选用。涂料应有产品合格证、检测报告及使用说明。

3.2.2　腻子：选用成品外墙腻子，应有产品合格证和使用说明。

3.2.3　机具：空气压缩机（最高气压 1MPa、排气量 0.6m³）、吊篮、高压无气喷涂机、手持喷头、挡板或塑料布、棕刷、半截大桶、小提桶、料勺、软质乳胶手套、长毛绒棍、泡沫塑料棍、压花辊子、短棍、排笔、棕刷、料桶等。

4　操作工艺

4.1　工艺流程

基层处理 → 满刮腻子、打磨 → 施涂底层涂料 → 施涂主层涂料 → 滚压 →
施涂面层涂料

4.2　基层处理

4.2.1　先将墙面等基层上的起皮、松动及鼓包等清除凿平，将残留在基层表面上的灰尘、污垢、溅沫和砂浆流痕等杂物清除扫净。

4.2.2　外墙用 1：3 的水泥砂浆或腻子将基层表面凹坑及掉角等缺陷修补好；干燥后用砂纸将凸出处磨平，基层含水率不得大于 10％。

4.3　满刮腻子、打磨

4.3.1　刮腻子的遍数由基层或墙面的平整度来决定，一般情况为三遍。

4.3.2　第一遍用胶皮刮板横向满刮，一刮板紧接着一刮板，接头不得留槎，每刮一刮板最后收头时，要注意收的要干净利落。干燥后用 1 号砂纸磨，将浮腻子及斑迹磨平磨光，再将墙面清扫干净。

4.3.3　第二遍用胶皮刮板竖向满刮，所有材料和方法同第一遍腻子，干燥后用 1 号砂纸磨平并清扫干净。

4.3.4　第三遍用胶皮刮板找补腻子，用钢片刮板满刮腻子，将墙面等基层刮平刮光，干燥后用 0 号细砂纸磨平磨光，注意不要漏磨或将腻子磨穿。

4.4　施涂底层涂料

4.4.1　基层刮腻子后，经过干燥和砂纸打磨可涂饰底层涂料。不同的复层涂料，其底层涂料也不尽相同。底层涂料作用是增强腻子与主涂层的附着力，封闭基层水分，避免水对主层涂料及罩面层的影响。

4.4.2　底层涂料的涂饰方法可采用喷、刷、滚三种方式，无论用什么涂饰方法都要涂均匀不得漏涂。

4.5　施涂主层涂料

4.5.1　待底层涂料干燥后，可喷涂主层涂料。先将主层涂料混合均匀，检查其稠度是否合适，根据样板凹凸状斑点的大小和形状，通过加外加剂水溶液来调整其稠度。

147

4.5.2　涂饰时应由上而下，分段分片进行。分段分片的部位应选择在门、窗、拐角、水落管等易于遮盖处。

4.5.3　喷涂时空气压缩机的压力为 0.4～0.7MPa 比较适当，压力过低喷点大或者成堆，压力过高喷点小。喷头应与墙面垂直，不能倾斜，距离为 300～400mm，横竖方向各喷一遍。

4.5.4　喷点要有一定的密度和厚度。喷点的大小和形状受喷嘴孔径的影响，一般情况下，喷嘴的孔径大喷点就大，喷嘴孔径小喷点就小，无论什么样的喷点，其大小和疏密程度应均匀一致，且不得连成片状，喷点的覆盖面积以不小于 70％为好。

4.6　滚压

4.6.1　如果样板是平面凹凸状花纹，而不是半球面斑点花纹时，应使用橡胶平压辊蘸水或溶剂轻轻滚压，把半球面斑点压平，滚压后花纹宜凸出面 1～2mm。

4.6.2　滚压的时间和力度要掌握适当：滚压时间太早或用力过大容易把斑点压的过平，滚压时间过晚则不容易压平，而且容易把斑点压裂。若使用水泥为主涂料时，应在滚压干燥 24h 后开始浇水养护。

4.7　施涂面层材料

4.7.1　主层涂料经过养护后（合成树脂乳液喷点 24h，水泥料喷点 7d），施涂面层涂料，一般涂饰两遍。面层材料按组成成分可分为溶剂型和乳液型两种；按光泽可分为无光和有光两种。

4.7.2　施涂面层涂料可以采用喷涂或者涂刷两种方式，无论采用什么方式均不得有漏涂和流坠现象。涂饰时第一遍面漆可适当多加些稀料，施工速度要快；第二遍面漆可适当稠些，一般是 24h 后滚涂。

5　质量标准

5.1　主控项目

5.1.1　涂料的品种、型号和性能应符合设计或选定样品要求。

5.1.2　涂料涂饰工程的颜色和图案应符合设计要求。

5.1.3　涂饰工程应涂饰均匀、粘结牢固，不得漏涂、透底、起皮和掉粉。

5.1.4　基层处理应符合要求（新建筑物基层涂饰前应涂刷抗碱封闭漆；旧墙面涂饰前应清除疏松的旧装修层并用界面剂处理）。

5.2　一般项目

5.2.1　混凝土及抹灰表面涂复层涂料的质量要求应符合表 27-1 的规定。

混凝土及抹灰表面施涂复层涂料的质量要求　　　表 27-1

项次	项目	质量要求
1	颜色	均匀一致
2	泛碱、咬色	不允许
3	喷点疏密程度	均匀、不允许连片

5.2.2 涂层与其他装修材料或设备衔接处应吻合，界面应清晰。

5.2.3 涂饰工程允许偏差应符合表 27-2 的规定。

涂饰工程的允许偏差　　　表 27-2

项次	项目	允许偏差（mm）	
		普通涂饰	高级涂饰
1	立面垂直度	4	3
2	表面平整度	4	3
3	阴阳角方正	4	3
4	装饰线、分色线直线度	2	1
5	墙裙、勒脚上口直线度	2	1

6　成品保护

6.0.1　施涂前应先清理好周围环境，防止尘土飞扬影响涂料质量。

6.0.2　施涂墙面涂料时，不得污染窗台、门窗及玻璃等不需涂装的部位。

6.0.3　涂料墙面完后要妥善保护，不得磕碰污染墙面。

6.0.4　施工所用的一切机具，用具必须事先洗净，不得将灰尘、油垢等杂质带入涂料中，施工完毕或间断时，机具、用具应及时洗净，以便后用。

7　注意事项

7.1　应注意的质量问题

7.1.1　涂料工程基体或基层的含水率不得大于 10%。

7.1.2　涂料工程使用的腻子，应坚硬牢固，不得粉化、起皮和裂纹。

7.1.3　刷涂料时除应注意不漏刷外，还应保持涂料的稠度，不可随意加水。

7.1.4　涂刷时对已完成的部位做好遮挡，防止污染，应适当划分分格块，甩槎应甩到分格条部位或不明显处。

7.1.5　应加强施工人员的技术水平培训，使其熟悉操作要点；对机具要经常维护、检查，确保正常使用；施工前要做样板，以确定操作方法和质量标准。

7.1.6　风雪大应停止施工。风力在四级以上时，不得进行喷涂施工。

7.2 应注意的安全问题

7.2.1 人字梯必须设有搭钩，高度超过3.6m以上应由架子工搭设脚手架。

7.2.2 脚手架不得搭在人字梯最上一档，跳板中间不得同时站两人操作。

7.2.3 操作地点应保持良好的通风环境，配料间严禁吸烟。

7.2.4 施工作业人员按规定配戴手套、眼镜、口罩和安全帽等防护用品。

7.3 应注意的绿色施工问题

7.3.1 项目部在开工前，项目经理组织有关人员编制控制措施，纳入项目环境管理方案，确保满足相关法律法规要求。该管理方案经项目经理批准后，应逐级传递到相关责任人员。

7.3.2 所用涂料的有害物质应符合《民用建筑工程室内环境污染控制规范》GB 50325—2010（2013年版）以及《建筑用外墙涂料中有害物质限量》GB 24408—2009的规定。

7.3.3 脚手架支设、拆除、搬运、修理噪声的控制：必须轻拿轻放，上下、左右有人传递；项目部必须在施工场界设立钢管修理房场所。修理时，禁止用大锤敲打；切割钢管时，及时在锯片上刷油，且锯片送速不能过快。

7.3.4 必须单独存放的涂料和化学危险品，应根据物资特性分别选择适当的地点分库贮存，严禁与其他物资和危险品混储、混运。仓库应符合消防安全有关规定，保持足够的安全距离，设置醒目的标识。

7.3.5 使用涂料和化学危险品必须按照环境保护的有关规定，妥善处理废水、废液、废料、废渣。用油品化学危险品必须严格遵守操作规程，严格用火管理。

7.3.6 使用化学危险品前对盛装化学危险品的容器进行检查，按使用说明进行操作，消除隐患，防止火灾、爆炸、中毒等事故的发生。

8 质量记录

8.0.1 材料的出厂合格证、质量检验报告。

8.0.2 复层涂料涂饰检验批工程质量验收记录

8.0.3 复层涂料涂饰分项工程质量验收记录。

第28章 美术涂饰

本工艺标准适用于工业与民用建筑套色涂饰、滚花涂饰、仿花纹等室内外美术涂饰工程的施工。

1 引用标准

《住宅装饰装修工程施工规范》GB 50327—2001；
《建筑涂饰工程施工及验收规程》JGJ/T 29—2015；
《建筑工程施工质量验收统一标准》GB 50300—2013；
《建筑装饰装修工程质量验收标准》GB 50210—2018；
《合成树脂乳液外墙涂料》GB/T 9755—2014；
《合成树脂乳液内墙涂料》GB/T 9756—2009；
《溶剂型外墙涂料》GB/T 9757—2001；
《建筑室内用腻子》JG/T 3049—1998；
《外墙柔性腻子》GB/T 23455—2009。

2 术语

2.0.1 美术涂饰按照使用的表层涂料种类，分为油漆美术涂饰和水性涂料粉饰；美术涂饰按照图案分为套色、滚花、仿花纹、拉毛涂饰等。

2.0.2 套色涂饰：亦称假壁纸、仿壁纸油漆。它是在墙（顶）面已完成油漆（或水性涂料）的基础上，按特制的漏花套板，有规律地将各色油漆（或水性涂料）喷在墙（顶）上制成。

2.0.3 滚花涂饰：是在一般油漆（或水性涂料）完成的基层上，以面层油漆（或水性涂料）进行滚涂的工艺。

2.0.4 仿木纹涂饰：亦称木丝，一般是仿硬质木材的木纹。

2.0.5 仿石纹涂饰：亦称假大理石，如仿白色大理石。

3 施工准备

3.1 作业条件

3.1.1 门窗安装及油漆已完成，房间地面已经完成，房间细木装修的底板已经完成。电气及设备的预留预埋已完成。

3.1.2　混凝土和墙面抹灰已完成且经过干燥，含水率不高于8%；木材制品含水率不大于12%。

3.1.3　墙面基层应清扫干净，如有凸凹不平、缺棱掉角或局部面层损坏者，应提前修补找平好并且干燥，预制混凝土表面提前刮石膏腻子找平并干燥。

3.1.4　如房间较高应提前准备好脚手架，房间不高应提前准备高凳；脚手架或吊篮已搭设完毕，并验收合格。

3.1.5　美术涂饰的操作顺序原则是先上后下，先顶棚后墙面。

3.1.6　大面积施工前应事先做样板或样板间，经有关人员认可后才能组织大面积施工。

3.1.7　冬期施工应在采暖条件下进行，室温保持均衡，一般施工的环境温度不宜低于10℃，相对湿度为60%，不应突然变化，应设专人负责测温和开关门窗，以利通风排除湿气。

3.2　材料及机具

3.2.1　涂料：光油、青油、桐油，各色溶剂型调合漆（酯胶调合漆、醇酸调合和漆、酚醛调合漆等）；各色无光调合漆；各色水性涂料等，应根据设计要求、基层情况、施工环境和季节情况选用，且必须有出厂质量证明和检测报告。

3.2.2　填充料：大白粉、滑石粉、石膏粉、双飞粉（麻丝面）地板黄、红土子、黑烟子、立德粉、108胶等。

3.2.3　稀释剂：汽油、煤油、松香水、酒精、醇酸稀料等与油漆相应配套的稀料。

3.2.4　颜料：应使用耐碱、耐光的矿物性颜料。

3.2.5　机具：手持式电动搅拌器、空气压缩机、吊篮、高压无气喷涂机、喷斗、喷枪、高压胶管、长毛绒辊、压花辊、印花辊、硬质塑料、橡胶辊、排笔、棕刷、料桶、不锈钢抹子、塑料抹子、托灰板、刮板、牛角板、砂纸、棉丝、高凳等。

4　操作工艺

4.1　工艺流程

基层处理 → 弹分格缝 → 施涂封底涂料 → 施涂美术涂料、修整、施涂面层涂料

4.2　基层处理

4.2.1　将混凝土或抹灰表面上的灰尘、污垢、溅沫、砂浆流痕等清除干净。

4.2.2　新建筑物基层涂饰前应涂刷抗碱封闭漆；旧墙面涂饰前应清除疏松

的旧装修层并用界面剂处理。

4.2.3　将基层缺棱掉角，用水泥砂浆或水泥混合砂浆修补好；表面麻坑及缝隙可用腻子填补齐平，并用腻子进行局部或满刮腻子。

4.2.4　待腻子干后用砂纸磨平。

4.3　弹分格缝

4.3.1　根据设计要求进行吊垂直、套方、找规矩、弹分格缝。此项工作必须严格按标高控制好，必须保证四周交圈。

4.3.2　外墙涂料工程分段进行时，应以分格缝、墙的阴角处或水落管等为分界线和施工缝，垂直分格缝则必须进行吊直，不能用尺量，缝格必须平直、光滑、粗细一致。

4.4　施涂封底涂料

在处理完毕的基层上涂刷底漆或水性涂料，待底层涂料干透后方可施工美术涂料，美术涂料施涂完毕，经过修整才能施涂面层涂料。基层刮腻子、施涂封底涂料、面层涂料时，均要使用与面层美术涂饰同类的配套材料。

4.5　施涂美术涂料、修整、施涂面层涂料

4.5.1　套色涂饰

1　制作漏花套板

1）套板可用硬纸板、丝绢、马口铁皮制作。

2）简单花样的套板可用硬纸板制作，先将准备使用的硬纸板的正反两面施涂两遍漆片或一遍清油，然后晾干压平备用。先按照设计要求把花纹图案复印在硬纸板上，经过镂空即制成简单的纸套板。

3）丝绢套板制作方法有多种，最简单的是在丝绢上刷稀胶，用漆片或清漆描出花纹图样，正反面都要描，干后再把胶水去掉即成丝绢套板。

4）马口铁皮套板的制作方法同纸板制作。如果喷、刷彩色图案，则要根据图案色彩制作多色套板，即不同的颜色制成不同的套板，并在套板上留 2～3 个小孔，以使不同的套板能固定在相同位置，从而保证彩色图案经多次喷刷后，花纹图案依旧相吻合。

2　底层涂料干透后喷花

1）把根据设计制作的套板固定在需喷花的物面上，喷枪的气压一般控制为 0.3～0.4MPa，距离控制 200～250mm，喷涂时最好一枪盖过不重复。如果是多彩花纹图案，则要分几次喷涂，每次喷后待涂膜干燥，才能喷涂另一种色彩。

2）刷花是以刷代喷，效果没有喷花的好。

4.5.2　滚花涂饰

1　可通过彩弹与滚花组合提高装饰效果（彩弹是通过弹力棒将不同色浆弹

射到基层饰面上，形成彩色弹点）；即经过彩弹并且压花纹之后，再做滚花工序。

2　滚花操作应从左到右、从上到下，滚停位置要保持在同一花纹点上。握滚平衡一滚到底。可先弹好垂直线作为基准再滚。为保持花纹和色泽一致，在同一视线范围宜由同一人操作。

3　弹滚前要遮盖好分界线。弹点时不宜弹的过厚，以免影响滚花的清晰。

4　操作完毕后，每种色料都要保留一些，以备修补之用。

4.5.3　仿木纹涂饰

1　仿木纹的工序是先在基层面上涂刷浅色油漆（颜色与木材面色相同），待干燥后刷一道深木材色油漆，随即用钢耙子或钢齿刮出木纹，然后滚出棕眼一次成活。

2　干透后用 1 号砂纸轻轻打磨平整，掸净灰尘，刷罩面清漆两遍。

4.5.4　仿石纹涂饰

1　基层处理完毕后刷涂（或喷涂）白色涂料，涂层要薄且均匀。应注意基层面的平整和光洁。

2　根据设计确定的仿石块尺寸，在白色涂层上画出底线仿拼缝。

3　在底层涂料基层上，刷一道延展性好与大理石样板主色调相似的调合漆。不等其干燥用灰色调合漆进行随意施涂后，即用油刷来回轻轻浮飘，刷成黑白纹理交错的仿石纹，颜色力求自然、和谐和逼真。

4　在仿石纹涂膜干透后划线，在原底线处划出宽窄相宜的石块拼缝。

5　干透后用 400 号水砂纸打磨，掸净灰尘，刷涂罩面清漆。

5　质量标准

5.1　主控项目

5.1.1　美术涂饰工程所用材料的品种、型号和性能应符合设计要求及国家现行标准的有关规定。

5.1.2　美术涂饰工程应涂饰均匀、粘结牢固，不得漏涂、透底、开裂、起皮、掉粉和反锈。

5.1.3　美术涂饰工程的基层处理应符合《建筑装饰装修工程质量验收标准》GB 50210—2018 中 12.1.5 条的有关规定，厨房、卫生间墙面应使用耐水腻子。

5.1.4　美术涂饰工程的套色、花纹和图案应符合设计要求。

5.2　一般项目

5.2.1　美术涂饰表面应洁净，不得有流坠现象。

5.2.2　仿花纹涂饰的饰面应具有被模仿材料的纹理。

5.2.3 套色涂饰的图案不得移位，纹理和轮廓应清晰。

5.2.4 墙面美术涂饰工程的允许偏差应符合表 28-1 的规定。

墙面美术涂饰工程的允许偏差　　　　　　　表 28-1

项次	项目	允许偏差（mm）
1	立面垂直度	4
2	表面平整度	4
3	阴阳角方正	4
4	装饰线、分色线直线度	2
5	墙裙、勒脚上口直线度	2

6　成品保护

6.0.1 施工前应将不进行喷涂的交界墙面遮挡保护好，以防污染。

6.0.2 喷涂、滚涂完成后，应及时将成品保护好以防损坏。

6.0.3 拆、翻架子时，要严防碰撞墙面和污染涂层。

6.0.4 油工在施工操作时严禁蹬踩已施工完毕的部位，注意切勿将油桶、涂料污染墙面。

6.0.5 室内施工时一律不准从内往外清倒垃圾，严防污染涂饰面层。

6.0.6 涂料干燥前，应防止尘土玷污和热空气的侵袭，如一旦发生，应及时进行处理。

6.0.7 施涂工具和样板等使用完毕后，应及时清洗或浸泡在相应的溶剂中，以确保下次继续使用。

7　注意事项

7.1　应注意的质量问题

7.1.1 喷、滚涂面层的基层要清理干净，按规程要求进行分层打底和分格施工。

7.1.2 设专人掌握配合比和统一配料，计量要准确；涂饰面层施工要指定专人负责，以控制操作手法一致。

7.1.3 防止产生表面不平、不光、质感不理想，就要求底灰抹好。

7.1.4 二次接槎施工时注意涂层的厚度，避免重叠涂层形成局部花感。

7.1.5 选用抗紫外线、抗老化的无机颜料，施工时严格控制加水量，中途不得随意加水，以保持颜色一致。

7.2　应注意的安全问题

7.2.1 必须单独存放的涂料和化学危险品，应根据物资特性分别选择适当的地点分库贮存，严禁与其他物资和危险品混储、混运。仓库应符合消防安全有关规定，保持足够的安全距离，设置醒目的标识。

7.2.2　使用化学危险品前对盛装化学危险品的容器进行检查，按使用说明进行操作，消除隐患，防止火灾、爆炸、中毒等事故的发生。

7.2.3　人字梯必须设有搭钩，高度超过 3.6m 以上应由架子工搭设脚手架。

7.2.4　脚手板不得搭在人字梯最上一档，脚手板中间不得同时站两人操作。

7.2.5　操作地点应保持良好的通风环境，作业时严禁吸烟。

7.2.6　操作前应对脚手架进行全面检查，发现隐患应及时排除，之后方可上人操作，在脚手架上操作人员，严禁打闹或甩抛物体。

7.2.7　脚手架上的工具、材料应分散放稳，严禁超过限制荷载。

7.2.8　进入施工现场必须戴安全帽、口罩和防护手套。

7.2.9　垂直运输设备必须设有安全装置，吊篮停靠在地面后方可上下人。

7.3　**应注意的绿色施工问题**

7.3.1　项目开工前，项目经理组织有关人员编制控制措施，纳入项目环境管理方案，确保满足相关法律法规要求。管理方案经项目经理批准后，应逐级传递到相关责任人员。

7.3.2　各种施涂材料和做法应符合设计要求，并应符合国家有关环境污染控制规定的要求，施工前认真做好各种施涂材料环保检测，出具有害物质限量等级检测报告。

7.3.3　脚手架支设、拆除、搬运、修理噪声的控制：必须轻拿轻放，上下、左右有人传递；项目部必须在施工场界设立钢管修理房场所。修理时，禁止用大锤敲打；切割钢管时，及时在锯片上刷油，且锯片送速不能过快。

7.3.4　使用涂料和化学危险品必须按照环境保护的有关规定，妥善处理废水、废液、废料、废渣。

8　质量记录

8.0.1　材料的出厂合格证、质量检验报告。

8.0.2　美术涂饰工程检验批质量验收记录。

8.0.3　美术涂饰分项质量验收记录。

第5篇 裱糊、软包与细部

第29章 室内裱糊

本工艺标准适用于工业与民用建筑室内裱糊的施工。

1 引用标准

《建筑装饰装修工程质量验收标准》GB 50210—2018；

《住宅装饰装修工程施工规范》GB 50327—2001；

《住宅室内装饰装修工程质量验收规范》JGJ/T 304—2013；

《民用建筑工程室内环境污染控制规范》GB 50325—2010（2013 年局部修订）；

《室内装饰装修材料　壁纸中有害物质限量》GB 18585—2001。

2 术语

2.0.1 室内裱糊：将聚氯乙烯塑料壁纸、纸质壁纸、墙布等采用专业胶粘剂粘贴在室内的天棚面、墙面、柱面的面层装饰工程。

3 施工准备

3.1 作业条件

3.1.1 室内墙面抹灰已完成，且经过干燥，含水率不高于 8%；木材制品含水率不得大于 12%。

3.1.2 水电及设备、顶墙上预埋件已完。

3.1.3 门窗油漆已完成。

3.1.4 有水磨石地面的房间，出光、打蜡已完，并将面层水磨石保护好。

3.1.5 事先将突出墙面的设备部件等卸下收存好，待壁纸粘贴完后再将其部件重新装好复原。

3.1.6 如房间较高，应提前准备好脚手架或钉设木凳，在架体底部做好对地面的保护。

3.1.7 大面积施工前应先做样板间，经质检部门检查合格后，方可组织班组进行施工。

3.2　材料及机具

3.2.1　壁纸：各种壁纸、墙布等的质量应符合设计要求和国家现行有关标准的规定。

3.2.2　胶粘剂：应按壁纸和墙布的品种选配，具有粘结力强、防潮性、柔性、热伸缩性、防霉性、耐久性、水溶性等性能。

3.2.3　腻子：应根据设计和基层的实际需要配制。

3.2.4　接缝带：玻璃网格布、丝绸条、绢条等；

3.2.5　底层涂料：裱贴前，应在基层面上先刷一遍底层涂料，作为封闭处理。

3.2.6　机具：裁纸工作台、钢板尺（1m 长）、壁纸刀、毛巾、塑料水桶、塑料盆、油工刮板（薄钢片、胶皮、塑料刮板）、胶滚、拌腻子槽、小辊、开刀、毛刷、排笔、擦布或棉丝、色粉线包、小白线、铁制水平尺、托线板、线坠、盒尺、手锤、红铅笔、扫帚、工具袋、注射针筒钉头等。

4　操作工艺

4.1　工艺流程

基层处理→ 满刮腻子 → 吊垂直、套方、找规矩、弹线 → 计算用量、裁纸 →

刷胶、糊纸

4.2　基层处理

4.2.1　混凝土表面的浮尘、疙瘩等应清除干净，表面的隔离剂、油污应用碱水（火碱：水＝1：10）清刷干净，然后用清水冲洗掉墙面上的碱液等。

4.2.2　新建筑物的混凝土或抹灰等，墙层在刮腻子前应涂刷一遍底层涂料。

4.2.3　旧墙面在裱糊前，应清除酥松的旧装修层，并涂刷界面剂。

4.2.4　基层表面平整度、立面垂直度及阴阳角方正，应达到高级抹灰的要求。

4.3　满刮腻子

4.3.1　腻子的质量配合比：聚醋酸乙烯乳液（即白乳胶）：滑石粉或大白粉：2％羧甲基纤维素溶液＝1：5：3.5。

4.3.2　混凝土墙面在清扫干净的墙面上满刮1～2道腻子，干后用砂纸磨平、磨光；抹灰墙面可满刮1～2道腻子找平、磨光，但不可磨破灰皮；石膏板墙先用嵌缝腻子将缝堵实堵严，再粘贴玻璃网格布或丝绸条、绢条等接缝带，然后局部刮腻子补平。

4.3.3　基层腻子应平整、坚实、牢固，无粉化、起皮和裂缝；腻子的粘结强度应符合《建筑室内用腻子》JG/T 298 的规定。

4.4　吊垂直、套方、找规矩、弹线

4.4.1　将顶棚的对称中心线通过套方、找规矩的办法弹出中心线，以便从中间向两边对称控制。

4.4.2　将房间四角的阴阳角通过吊垂直、套方、找规矩，并按照壁纸的尺寸进行分块弹线控制。

4.4.3　墙与顶交接处，凡有挂镜线的按挂镜线，没有挂镜线的按设计要求弹线控制。

4.5　计算用料、裁纸

根据设计要求决定壁纸的粘贴方向，然后计算用料、裁纸；应按所量尺寸每边留出 20～30mm 余量。一般应在案子上裁割，将裁好的纸用湿温毛巾擦后，折好待用。

4.6　刷胶、糊纸

室内裱湖时，宜按先裱糊顶棚后裱糊墙面的顺序进行。

4.6.1　裱糊顶棚壁纸：在纸的背面和顶棚的粘贴部位刷胶，应注意按壁纸宽度刷胶，不宜过宽，铺贴时应从中间开始向两边铺贴。第一张应按已弹好的线找直粘牢，应注意纸的两边各甩出 10～20mm 不压死，以满足与第二张铺贴时的拼花压槎对缝的要求。然后依上法铺贴第二张，两张纸搭接 10～20mm，用钢板尺比齐，两人将尺按紧，一人用壁纸刀裁切，随即将搭槎处两张纸条撕去，用刮板带胶将缝隙刮实压牢。随后将顶子两端阴角处用钢板尺比齐、拉直，用刮板及棍子压实，最后用湿温毛巾将接缝处辊压出的胶痕擦净，依次进行。

4.6.2　裱糊墙面壁纸：应分别在纸上及墙上刷胶，其刷胶宽度应相吻合，墙上刷胶一次不应过宽。糊纸时从墙的阴角开始铺贴第一张，按已画好的垂直线吊直，并从上往下用手铺平，刮板刮实，并用小棍子将上、下阴角处压实。第一张粘好留 10～20mm（应拐过阴角约 20mm），然后粘铺第二张，依同法压平、压实，与第一张搭槎 10～20mm，应自上而下对缝，拼花应端正，用刮板刮平，用钢板尺在第一、第二张搭槎处切割开，将纸边撕去，边槎处带胶压实，并及时将挤出的胶液用湿温毛巾擦净，然后用同法将接顶、接踢脚的边切割整齐，并带胶压实。墙面上遇有电门、插销盒时，应在其位置上破纸做为标记。在裱糊时，阳角不允许甩槎接缝，阴角处应裁纸搭缝，不允许整纸铺贴，避免产生空鼓与皱折。

4.6.3　花壁纸拼接应符合以下要求：

1　壁纸的拼缝处花形应对接拼搭好。

2 铺贴前应注意花形及壁纸的颜色力求一致。

3 墙与顶壁纸的搭接应根据设计要求而定，一般有挂镜线的房间应以挂镜线为界，没有挂镜线的房间应以弹线为准。

4 花形拼接如出现困难时，错槎应尽量甩到不显眼的阴角处，大面不允许出现错槎和花形混乱的现象。

4.6.4 壁纸粘贴完后应认真检查，对墙纸的翘边翘角、气泡、皱折及胶痕未擦净等，应及时处理和修整。

5 质量标准

5.1 主控项目

5.1.1 壁纸、墙布的种类、规格、图案、颜色和燃烧性能等级应符合设计要求及国家现行有关标准的规定。

检验方法：观察；检查产品合格证书、进场验收记录和性能检验报告。

5.1.2 裱糊工程基层处理质量应符合高级抹灰允许偏差的要求。

检验方法：检查隐蔽工程验收记录和施工记录。

5.1.3 裱糊后各幅拼接应横平竖直，拼接处花纹、图案应吻合，应不离缝，不搭接，不显拼缝。

检验方法：距离墙面 1.5m 处观察。

5.1.4 壁纸、墙布应粘贴牢固，不得有漏贴、补贴、脱层、空鼓和翘边。

检验方法：观察；手摸检查。

5.2 一般项目

5.2.1 裱糊后的壁纸、墙布表面应平整，不得有波纹起伏、气泡、裂缝、皱折；表面色泽应一致，不得有斑污，斜视时应无胶痕。

检验方法：观察；手摸检查。

5.2.2 复合压花壁纸和发泡壁纸的压痕或发泡层应无损坏。

检验方法：观察。

5.2.3 壁纸、墙布与装饰线、踢脚板、门窗框的交接处应吻合、严密、顺直。与墙面上电气槽、盒的交接处套割应吻合，不得有缝隙。

检验方法：观察。

5.2.4 壁纸、墙布边缘应平直整齐，不得有纸毛、飞刺。

检验方法：观察。

5.2.5 壁纸、墙布阴角处搭接应顺光搭接，阳角处应无接缝。

检验方法：观察。

5.2.6 裱糊工程的允许偏差和检验方法应符合表 29-1 的规定。

裱糊工程的允许偏差和检验方法　　　　　　　　　　　　**表 29-1**

项次	项目	允许偏差（mm）	检验方法
1	表面平整度	3	用 2m 靠尺和塞尺检查
2	立面垂直度	3	用 2m 垂直尺检查
3	阴阳角方正	3	用 200mm 直角检测尺检查

6　成品保护

6.0.1　墙纸裱糊完的房间应及时清理干净，不准做料房或休息室，避免污染和损坏。

6.0.2　在整个裱糊的施工过程中，严禁非操作人员随意触摸墙纸。

6.0.3　电气和其他设备等在进行安装时，应注意保护墙纸，防止污染和损坏。

6.0.4　铺贴壁纸时，严格按照本工艺标准施工，边缝应切割整齐，胶痕应及时清擦干净。

6.0.5　严禁在已裱糊好壁纸的墙、顶上剔眼打洞。若纯计变更，应采取相应的质量措施，施工后应及时认真修复。

6.0.6　二次修补油、浆活及磨石二次清理打蜡时，应作好壁纸的保护，防止污染、碰撞与损坏。

6.0.7　墙纸全部糊完后，门窗关闭、上锁，严禁任何人进入，并设专人负责开窗通风干燥。

7　注意事项

7.1　应注意的质量问题

7.1.1　同一操作房间使用的壁纸、墙布应一次领料，保证颜色、花纹一致。

7.1.2　裱糊施工过程中，应防止穿堂风吹进和温度的突然变化，以免引起已裱糊贴好的墙饰干燥不一致，造成离缝、开口缝等现象。

7.1.3　对于需要重叠对花的条类壁纸，应先裱糊对花，然后再用钢直尺对齐裁下余边。裁切时，应一次切掉，不得重割，裁切后撕去余纸，再行粘贴压实。

7.1.4　接缝处应及时刷胶、辊压、修补，以防干后出现翘边、翘角等现象。

7.1.5　墙面基层应将积尘、腻子包、水泥斑痕、小砂粒、胶浆疙瘩等清理干净，以防出现壁纸、墙布表面不平，斜视有疙瘩。

7.1.6　基层含水率应控制在规定范围内，否则潮气会将壁纸拱成气泡。遇

161

到此情况时可用注射器将泡刺破并注入胶液，用辊压实。

7.1.7　阴角刷胶应认真细致，不得漏刷，赶压应到位，以防造成空鼓。阴角壁纸接槎时应超过阴角 20mm，以防壁纸收缩而造成阴角处壁纸断裂。

7.1.8　施工中因碰撞而损坏的壁纸、墙布，可用对纹、对花、对色的方法挖空填补。

7.2　应注意的安全问题

7.2.1　裱糊操作使用的脚手架、木凳，应搭设牢固、稳定，并经安全检查后，方可用于操作。

7.2.2　裱糊使用的裁口刀、剪刀等工具，应注意安全使用、安全放置，操作过程暂不使用时，应放置在不易触碰的地方或工具袋内。

7.2.3　架梯不可设置太陡、太斜，坡度一般为 75 度左右，并要有防滑装置；3.6m 以上的梯子应在中间加顶撑。

7.2.4　不准两人同时站在一个梯子上，人在梯子上时，不可移动梯子，人字梯须有坚固的铰链和限制开度的拉链，梯脚应有防滑皮套。

7.2.5　不应把工具或材料挂在梯凳上，必要时梯凳须人扶持上下，身体的重量不可越出梯子的重心，不得跨越爬梯或跳梯。

7.3　应注意的绿色施工问题

7.3.1　废弃物按指定位置分类储存，集中处置。

7.3.2　施工后的废料应及时清理，做到工完料净场地清，坚持文明施工。

7.3.3　选择材料时，必须选择符合设计和国家环境规定的材料。

8　质量记录

8.0.1　壁纸、墙布等材料的产品合格证书、性能检测报告和进场验收记录和复验报告。

8.0.2　施工记录。

8.0.3　裱糊工程检验批质量验收记录。

8.0.4　裱糊分项工程质量验收记录。

8.0.5　其他技术文件。

第30章　软包、硬包安装

本工艺标准适用于工业与民用建筑软包、硬包安装的施工。

1　引用标准

《建筑装饰装修工程质量验收标准》GB 50210—2018；

《住宅装饰装修工程施工规范》GB 50327—2001；

《住宅室内装饰装修工程质量验收规范》JGJ/T 304—2013；

《民用建筑工程室内环境污染控制规范》GB 50325—2010（2013年局部修订）；

《室内装饰装修材料　人造板及其制品中甲醛释放限量》GB 18580—2017；

《室内装饰装修材料　胶粘剂中害物质限量》GB 18583—2008。

2　术语

软包是指：采用织物、皮革、人造革等做面层，内填柔性材料加以包装的墙面装饰方法。软包包括带内衬软包和不带内衬软包，不带内衬软包也称为硬包。

3　施工准备

3.1　作业条件

3.1.1　熟悉施工图纸，对施工人员进行技术和安全交底。

3.1.2　大面积装修前应先做样板，经业主（监理）或设计认可后再全面施工。

3.1.3　墙面的电气管线及设备底座等隐蔽物件已安装好，并通过验收。

3.1.4　混凝土墙面抹灰完成，水泥砂浆已刷冷底子油。

3.1.5　室内消防喷淋、空调冷冻水等系统已安装好，调试成功并验收合格。

3.1.6　房间的抹灰工程、吊顶工程、地面工程、门窗工程及涂饰工程完成，验收合格。

3.1.7　室内已弹好水平线和室内标高已确定。

3.2　材料及机具

3.2.1　软包、硬包墙面木框、龙骨、底板、面板等木材的树种、规格、等级、含水率和防腐处理必须符合设计图纸要求。

3.2.2　软包、硬包面料及内衬材料及边框的材质、颜色、图案、燃烧性能等级应符合设计要求及国家现行标准的有关规定，具有防火检测报告。普通布料需进行两次防火或处理，并检测合格。

3.2.3　龙骨一般用白松烘干料，含水率不大于12%，厚度应根据设计要求，不得有腐朽、节疤、劈裂、扭曲等疵病，并预先经防腐处理。龙骨、衬板、边框应安装牢固，无翘曲，拼缝应平直。

3.2.4　外饰面用的压条分格框料和木贴脸等面料，采用工厂经烘干加工的半成品料，含水率不大于12%。选用优质五夹板，如基层情况特殊或有特殊要求者，亦可选用九夹板。

3.2.5　胶粘剂应有出厂合格证，应符合国家关于有害物质限量的标准的要求。

3.2.6　机具：电焊机、手电钻、冲击电钻、木工锯、刨子、钢板尺、毛刷、排笔、裁刀、长卷尺、专用夹具、刮刀、刮板、锤子、码钉枪、气枪、抹灰用工具等。

4　操作工艺

4.1　工艺流程

预制软、硬包块 → 弹线、分格 → 转孔、找木屑 → 墙面防潮 →

钉木龙骨转孔、找木屑 → 铺钉胶合板 → 安装软、硬包预制块 →

镶贴装饰木线及饰面板

4.2　预制软、硬包块

4.2.1　按软、硬包块分块尺寸裁九厘板，并将四条边，用刨刨出斜面，并刨平。

4.2.2　以规格尺寸大于九厘板50～80mm的织物面料和泡沫塑料、硬包为皮革置于九厘板上，将软、硬包材料沿九厘板斜边卷到板背，在展平顺后用钉固定。

4.2.3　钉好一边，再展平铺顺面层材料，将其余三边都卷到板背固定，固定时宜用码钉枪打码钉。

4.3　弹线、分格

用吊垂线法、拉水平线及尺量的办法、借助装饰一米线，确定软、硬包墙的厚度及打眼位置等（可用25mm×30mm的方木，按设计要求的尺寸分档）。

4.4　钻孔、找入木楔

孔眼位置在墙上弹线的交叉点，孔距400～600mm，可视面板划分而定，孔深60mm，用冲击钻头钻孔。

4.5 墙面防潮

在抹灰墙面涂刷防水涂料不，或要在砌体墙面、混凝土墙面铺一道防水卷材或二布三涂防水层做防潮层。防水涂料要满涂、刷匀，不漏涂；铺防水卷材，要满铺，铺平、不留缝。

4.6 钉木龙骨

4.6.1 采用凹槽榫工艺，制作成木龙骨框架。木龙骨架的大小，可根据实际情况加工成一片或几片拼装到墙上。

4.6.2 木龙骨架应刷涂防火漆。

4.6.3 将预制好的木龙骨架靠墙直立，用水平尺找平、找垂直，用铁钉钉在木楔上，边钉边找平、找垂直，凹陷较大处应用木楔垫平钉牢。

4.7 铺钉胶合板

4.7.1 将木龙骨架与胶合板接触的一面刨光，使铺钉的胶合板平整。

4.7.2 胶合板在铺钉前，先在其板背涂刷防火涂料，涂满、涂匀。

4.7.3 用气钉枪将胶合板钉在木龙骨上。钉固时，从板中向两边固定，接缝应在木龙骨上且钉头沉入板内，使其牢固、平整。

4.8 安装软、硬包预制块

4.8.1 在木基层上按设计图画线，标明预制板块及装饰木线（板）位置。

4.8.2 将预制板块用塑料模包好，镶钉在墙、柱面做软、硬包的位置。用气枪钉钉牢。每钉一颗钉用手抚预制板块面层材料，使面层无凹陷、起皱现象，无钉头挡手的感觉。连续铺钉的板块，接缝要严密，下凹的缝应宽窄均匀一致，且顺直，塑料薄膜待工程交工时撕掉。

4.9 镶贴装饰木线及饰面板

在墙面软包部分的四周钉木压线条、盖缝条及饰面板等装饰条，这一部分可先于装饰软、硬包预制块做好，也可以地软包预制块上墙后制作，暗钉钉完后，用电化帽头钉钉于板块分格的交叉点上。

5 质量标准

5.1 主控项目

5.1.1 软包工程的安装位置及构造做法应符合设计要求。

检验方法：观察；尺量检查；检查施工记录。

5.1.2 软包边框所选木材的材质、花纹、颜色和燃烧性能等级应符合设计要求及国家现行标准的有关规定。

检验方法：观察；检查产品合格证书、进场验收记录、性能检验报告和复验报告。

5.1.3 软包衬板材质、品种、规格、含水率应符合设计要求。面料及内衬材料的品种、规格、颜色、图案及燃烧性能等级应符合国家现行标准的有关规定。

检验方法：观察；检查产品合格证书、进场验收记录、性能检验报告和复验报告。

5.1.4 软包工程的龙骨、边框应安装牢固。

检验方法：手扳检查。

5.1.5 软包衬板与基层应连接牢固，无翘曲、变形，拼缝应平直，相邻板面接缝应符合设计要求，横向无错位拼接的分格应保持通缝。

检验方法：观察；检查施工记录。

5.2 一般项目

5.2.1 单块软包面料不应有接缝，四周应绷压严密。需要拼花的，拼接处花纹、图案应吻合。软包饰面上电器槽、盒的开口位置、尺寸应正确，套割应吻合，槽、盒四周应镶硬边。

检验方法：观察；手摸检查。

5.2.2 软包工程的表面应平整、洁净、无污染、无凹凸不平及皱折；图案应清晰、无色差，整体应协调美观、符合设计要求。

检验方法：观察。

5.2.3 软包工程的边框表面应平整、光滑、顺直，无色差、无钉眼；对缝、拼角应均匀对称、接缝吻合。清漆制品木纹、色泽应协调一致。其表面涂饰质量应符合涂饰工程的有关规定。

检验方法：观察；手摸检查。

5.2.4 软包内衬应饱满，边缘应平齐。

检验方法：观察；手摸检查。

5.2.5 软包墙面与装饰线、踢脚板、门窗框的交接处应吻合、严密、顺直。交接（留缝）方式应符合设计要求。

检验方法：观察。

5.2.6 软包工程安装的允许偏差和检验方法应符合表 30-1 的规定。

软包工程安装的允许偏差和检验方法　　　　表 30-1

项次	项目	允许偏差（mm）	检验方法
1	单块软包边框水平度	3	用 1m 水平尺和塞尺检查
2	单块软包边框垂直度	3	用 1m 垂直检测尺检查
3	单块软包对角线长度差	3	从框的裁口里角用钢尺检查
4	单块软包宽度、高度	0，—2	从框的裁口里角用钢尺检查

项次	项目	允许偏差（mm）	检验方法
5	分格条（缝）直线度	3	拉 5m 线，不足 5m 拉通线用钢直尺检查
6	裁口线条结合处高度差	1	用直尺和塞尺检查

6 成品保护

6.0.1 饰面施工、运输过程应注意保护，不得碰撞、刻划、污染，在墙面施工过程中，严禁非操作人员随意触摸成品，当饰面被污染或碰撞时，应及时擦洗干净。

6.0.2 施工时应对已完成的装饰工程及水电设施等采取有效措施加以保护，防止损坏及污染。

6.0.3 电气和其他设备等在进行安装时，应注意保护墙面，防止污染和损坏。

6.0.4 饰面四周还需施涂料等作业时，应贴纸或覆盖塑料薄膜，防止污染饰面。

6.0.5 交通进出口，易被碰撞的部位，在饰面完成后，应及时加以保护。

6.0.6 已完成的饰面，不得堆放靠放物品，严禁上人蹬踩。

6.0.7 施工结束后将面层清理干净，现场垃圾清理完毕，洒水清扫可用吸尘器清理干净，避免扫起来灰尘，造成二次污染。

7 注意事项

7.1 应注意的质量问题

7.1.1 软包在粘结填塞料"海绵"时，避免用含腐蚀成分的胶粘剂，以免腐蚀"海绵"，造成"海绵"厚度减少，底部发硬，以至于软包不饱满，应采用中性或其他不含腐蚀成分的胶粘剂。

7.1.2 面料裁割及粘结时，应注意花纹走向，避免花纹错乱影响美观。

7.1.3 预制板块水平度、垂直度达到规范要求，阴阳角应进行对角。

7.2 应注意的安全问题

7.2.1 对软包面料及填塞料的阻燃性能严格把关，达不到防火要求的，不予使用。

7.2.2 软包布附近尽量避免使用碘钨灯或其他高温照明设备，不得动用明火，避免损坏。

7.3 应注意的绿色施工问题

7.3.1 废弃物按指定位置分类储存，集中处置。

7.3.2 施工后的废料应及时清理，做到工完料净场地清，坚持文明施工。

7.3.3 选择材料时，必须选择符合设计和国家环境规定的材料。

8 质量记录

8.0.1 织物、皮革、人造革等材料的产品合格证书、性能检测报告和进场验收记录和复验报告。

8.0.2 施工记录。

8.0.3 软包工程检验批质量验收记录。

8.0.4 软、硬包分项工程质量验收记录。

8.0.5 其他技术文件。

第 31 章　木窗帘盒安装

本工艺标准适用于工业与民用建筑木窗帘盒安装的施工。

1　引用标准

《建筑装饰装修工程质量验收标准》GB 50210—2018；

《住宅装饰装修工程施工规范》GB 50327—2001；

《住宅室内装饰装修工程质量验收规范》JGJ/T 304—2013；

《民用建筑工程室内环境污染控制规范》GB 50325—2010（2013 年局部修订）；

《室内装饰装修材料　人造板及其制品中甲醛释放限量》GB 18580—2017；

《室内装饰装修材料　胶粘剂中害物质限量》GB 18583—2008；

《室内装饰装修材料　溶剂型木器涂料中有害物质限量》GB 18581—2009。

2　术语

2.0.1　木窗帘盒：采用木质材料在吊顶或者非吊顶墙面，为隐蔽窗帘轨道和滑轮制作成的隐藏式或下挂式吊板。

3　施工准备

3.1　作业条件

3.1.1　安装窗帘盒的房间，在结构施工时，应按图预埋防腐木砖或镀锌铁件，预制混凝土构件应设置预埋件；如设计无规定预埋件时，可用镀锌膨胀螺栓安装。

3.1.2　无吊顶采用明窗帘盒的房间，应安好门窗框，做好内抹灰冲筋。

3.1.3　有吊顶采用暗窗帘盒的房间，吊顶施工应与窗帘盒安装同时进行。

3.2　材料、构配件及机具

3.2.1　木材制品：采用红、白松及硬杂木干燥料，含水率不大于 12%，并不得有裂缝、扭曲等现象。

3.2.2　五金配件：根据设计选用窗帘轨、轨堵、轨卡、大角、小角、滚轮、木螺丝、机螺丝、铁件等五金配件。

3.2.3　金属窗帘杆：由设计指定图号、规格和构造形式等，通常采用 $\phi 8 \sim$

$\phi 16$ 的圆钢或 8～14 号钢丝加端头元宝螺栓。

3.2.4　机具：手电钻、小电动台锯、大刨子、小刨子、槽刨、手木锯、螺丝刀、凿子、冲子、钢锯等。

4　操作工艺

4.1　工艺流程

$$\boxed{\text{找位与画线}} \rightarrow \boxed{\text{预埋件检查与处理}} \rightarrow \boxed{\text{安装窗帘盒}}$$

4.2　找位与画线

4.2.1　核对已进场的材料制品的品种、规格、组装构造是否符合设计及安装要求。

4.2.2　安装窗帘盒应按设计图纸要求的位置、标高进行中心定位，弹好找平线，找好窗口、挂镜线等构造关系。

4.3　预埋件检查和处理

画线后，检查预埋件的位置、规格、预埋方式及牢固情况，是否能满足安装的要求；对于标高、水平度、中心位置、出墙距离有误差的，应采取措施进行处理。

4.4　安装窗帘盒

4.4.1　安装窗帘盒：先按水平线确定标高，画好窗帘盒中线，安装时将窗帘盒中线对准窗口中线，盒的靠墙部位应贴严，固定方法按设计要求；如设计无要求时，采用膨胀螺丝固定牢固。

4.4.2　安装窗帘轨：窗帘轨有单轨、双轨或三道轨之分。当窗宽大于1200mm 时，窗帘轨应断开，搣弯应成平缓曲线，搭接长度不小于 200mm；明窗帘盒一般在盒上先安装轨道，如为重窗帘时，轨道应加机螺丝固定；暗窗帘盒应后安装轨道，重窗帘时，轨道小角应加密间距，木螺丝规格不小于 30mm；轨道应保持在一条直线上。

4.4.3　安装窗帘杆：校正连接固定件，将杆装上或将镀锌铁丝绷紧在固定件上，做到平、正同房间标高一致。

5　质量标准

5.1　主控项目

5.1.1　窗帘盒制作与安装所使用材料的材质、规格、性能、有害物质限量及木材的燃烧性能等级和含水率应符合设计要求及国家现行标准的有关规定。

检验方法：观察；检查产品合格证书、进场验收记录、性能检验报告和复验报告。

5.1.2 窗帘盒的造型、规格、尺寸、安装位置和固定方法应符合设计要求。窗帘盒的安装应牢固。

检验方法：观察；尺量检查；手扳检查。

5.1.3 窗帘盒配件的品种、规格应符合设计要求，安装应牢固。

检验方法：手扳检查；检查进场验收记录。

5.2 一般项目

5.2.1 窗帘盒表面应平整、洁净，线条顺直，接缝严密，色泽一致，不得有裂缝、翘曲及损坏。

检验方法：观察。

5.2.2 窗帘盒与墙、窗框的衔接应严密，密封胶缝应顺直、光滑。

检验方法：观察。

5.2.3 窗帘盒安装的允许偏差和检验方法应符合表 31-1 的规定。

窗帘盒安装的允许偏差　　　　　　表 31-1

项次	项目	允许偏差（mm）	检验方法
1	水平度	2	用 1m 垂直检测尺检查
2	上口、下口直线度	3	拉 5m 线，不足 5m 拉通线，用钢直尺检查
3	两端距离洞口长度差	2	用钢直尺检查
4	两端出墙厚度差	3	用钢直尺检查

6 成品保护

6.0.1 安装时不得踩踏暖气片及窗台板，严禁在窗台板上敲击、撞碰，以防损坏。

6.0.2 窗帘盒安装后及时刷一道底油漆，以防抹灰、喷浆等湿作业时受潮变形或污染。

6.0.3 窗帘杆或铅丝防止刻痕，加工品应妥善保管，防止存放不当、受潮等造成变形。

7 注意事项

7.1 应注意的质量问题

7.1.1 窗帘盒安装前，应做到画线准确，安装量尺标高一致，中心线准确，避免出现窗帘盒安装不平、不止现象。

7.1.2 窗帘盒安装时，应认真核对尺寸，使两端伸出长度相同，避免窗帘盒两端伸出的长度不一致。

7.1.3 一般盖板厚度不宜小于15mm，如薄于15mm的盖板，应用机螺丝固定窗帘轨，否则会出现窗帘轨道脱落现象。

7.1.4 木制品加工时，木材应充分干燥，入场后存放严禁受潮，并在安装前打磨后及时刷清漆一道，以防出现窗帘盒迎面板扭曲现象。

7.2 应注意的安全问题

7.2.1 明窗帘盒安装应准备高凳，暗窗帘盒安装应搭设脚手架。

7.2.2 刨花和碎木料应及时清理，并存放在安全地点。

7.2.3 工具和五金配件应放在工具袋内。

7.3 应注意的绿色施工问题

7.3.1 废弃物按指定位置分类储存，集中处置。

7.3.2 施工后的废料应及时清理，做到工完料净场地清，坚持文明施工。

7.3.3 选择材料时，必须选择符合设计和国家环境规定的材料。

8 质量记录

8.0.1 材料的产品合格证书、性能检测报告和进场验收记录和复验报告。

8.0.2 隐蔽工程检查验收记录。

8.0.3 施工记录。

8.0.4 窗帘盒制作与安装工程检验批质量验收记录。

8.0.5 窗帘盒分项工程质量验收记录。

8.0.6 其他技术文件。

第32章 护栏与扶手安装

本工艺标准适用于工业与民用建筑护栏与扶手安装的施工。

1 引用标准

《建筑装饰装修工程质量验收标准》GB 50210—2018；
《住宅装饰装修工程施工规范》GB 50327—2001；
《住宅室内装饰装修工程质量验收规范》JGJ/T 304—2013；
《民用建筑工程室内环境污染控制规范》GB 50325—2010（2013 年局部修订）。

2 术语

护栏与扶手是指：在建筑楼梯、楼层边悬空位置或者屋面等周边有可能发生坠落等危险的地方，所设置的隔离防护栏杆。扶手是在护栏最上部安装，为方便周边人行走过程可以支撑身体所设置的把手。

3 施工准备

3.1 作业条件

3.1.1 护栏与扶手安装在楼梯间时，应在楼梯间墙面、楼梯踏步饰面完成后进行；

3.1.2 护栏与扶手安装在楼内时，应在楼层墙面、地面饰面完成后进行；

3.1.3 护栏与扶手安装在屋面时，屋面面层、所有管道设备完成后进行。

3.2 材料及机具

3.2.1 木制扶手：一般用硬杂木加工成品，其树种、规格、尺寸、形状按设计要求。木料材质应纹理顺直，颜色一致，不得有腐朽、节疤、裂缝、扭曲等缺陷，含水率不得大于 12％。弯头料一般采用扶手料，以 45°角断面相接；断面特殊的木扶手，按设计要求备弯头料。

3.2.2 不锈钢、黄铜扶手：根据设计要求及结构安全需要采用合适的规格。一般立柱和扶手的壁厚不宜小于 1.2mm。

3.2.3 塑料扶手：断面形式、规格尺寸及色彩按设计要求选用。

3.2.4 粘结料：可以用动物胶或聚醋酸乙烯乳胶等化学胶粘剂。

3.2.5　其他材料：木螺丝、木砂纸、加工配件。

3.2.6　机具：手提电钻、小台锯、中、小木锯、窄条锯、挖锯、二刨、小刨子、小铁刨子、斧子、羊角锤、扁铲、钢锉、木锉、螺丝刀、方尺、割角尺、卡子等。

4　操作工艺

4.1　扶手安装工艺流程

配料 → 基体处理 → 弹线 → 安装

4.2　配料

根据设计文件要求，进行护栏与扶手的备料和配料。

4.3　基体处理

4.3.1　预埋件埋设标高、位置、数量应符合设计及安装要求，并经防腐防锈处理。

4.3.2　安装楼梯栏杆立杆的部位，基层混凝土不得有酥松现象，安装标高应符合设计要求，凹凸不平处必须剔除或修补平整；凹处及基层蜂窝麻面处，应用高强度等级混凝土进行修补。

4.4　弹线

根据栏杆与扶手构造，弹出其水平和垂直方向位置线并校正。

4.5　半成品加工、拼接组合

4.5.1　楼梯扶手的各部位尺寸，按设计要求以及现场实际情况，就地放样制作。

4.5.2　当楼梯上下跑栏杆板间距小于200mm时，扶手弯头应用塑料制作；当大于200mm时，可分两块制作。但高级建筑物楼梯仍应做整体弯头。

4.5.3　弯头制作前应做样板，按样板找好线或用毛料直接在栏板上画线，锯出雏形毛料，毛料一般较实际尺寸大10mm。一般弯头伸出的长度为半踏步，起步弯头按设计要求制作。

4.5.4　木扶手具体形式和尺寸应符合设计要求。扶手底部开槽深度一般为3～4mm，宽度所用钢的尺寸，但不超过40mm，在扁钢上每隔300mm钻扶手安装孔。

4.6　安装

4.6.1　木扶手安装

1　安装木扶手应由下向上进行。首先按照栏杆斜度配好起步弯头，再接扶手，其高低应符合设计要求。

扶手与弯头的接头应做暗榫或用铁件锚固，并用胶粘结。木扶手的宽度或厚度超过 70mm 时，其接头必须用暗榫，并用木工乳胶粘结。

木扶手与金属栏杆连接一般用 32mm 长木螺钉固定，间距不得大于 300mm。当木扶手高度大于 150mm 时，应用螺栓或铁件与栏杆固定。铁件及螺帽不得外露。接头使用胶粘时，气温不得低于 0°。

2　扶手末端与墙、柱连接方法常见有两种：一种是将扶手底部通长扁钢与墙柱内的预埋件焊接；另一种方法是将通长扁钢的端部做成燕尾形，伸入墙柱的预留孔内，用 C20 混凝土填实。

3　扶手安装完毕，刷一遍干性油。

4.6.2　安全玻璃护栏安装

1　安全玻璃与其他材料相交部位不应贴紧。

2　相邻玻璃间应留 5～8mm 间隙，以便于注胶。

3　与金属接触部分密封胶，应选用非醋酸型硅酮密封胶，以免腐蚀金属。

4　密封胶的色彩应与安全玻璃一致。

4.6.3　金属栏杆、扶手

1　栏杆立杆安装应按要求及施工墨线从起步处高上的顺序进行。楼梯起步平台两端立杆应先安装，安装分焊接和螺接固定两种方法。

焊接施工时，其焊条应与母材材质相同，安装时将立杆与埋件点焊临时固定，经标高、垂直校正后，施焊牢固。

采用螺栓连接时，立杆底部金属板上的孔眼应加工成腰圆形孔，以备膨胀螺栓位置不符，安装时可作微小调整。施工时，在安装立杆基层部位，用电钻钻孔打入膨胀螺栓后，连接立杆并稍做固定，安装标高有误差时用金属薄垫片调整，经垂直、标高校正后固紧螺帽。

两端立杆安装完毕后，拉通线用同样方法安装其余立杆。立杆安装必须牢固，不得松动。立杆焊接以及螺栓连接部位，除不锈钢外，在安装完成后，均应进行防腐防锈处理，并且不得外露，应在根部安装装饰罩或盖。

2　镶嵌有机玻璃、玻璃等栏板，其栏板应在立杆完成后安装。安装必须牢固，且垂直、水平及斜度应符合要求。安装时，将栏板镶嵌于两侧立杆的槽内，槽与栏板两侧缝隙应用硬质橡胶条块嵌填牢固，待扶手安装完毕后，用密封胶嵌实。扶手焊接安装时，栏板应用防火石棉布等遮盖防护，以免焊接火花飞溅损坏栏板。

3　楼梯扶手安装，一般采用焊接安装。使用焊条的材质应与母材相同。扶手安装顺序应从起步弯头开始，后接直扶手。扶手接口按要求角度套割正确，并用金属锉刀锉平，以免套割不准确，造成扶手弯曲和安装困难。安装时，先将起点弯头与栏杆立杆点焊固定，待检查无误后施焊牢固。弯头安装完毕后，直扶手两端与两端立杆临时点焊固定，同时将直扶手的一端接头对接并点焊固定，扶手接口处应留 2～3mm 焊接缝隙，然后拉通线将扶手与每根立杆作点焊固定，待检查符合要求后，将接口和扶手与立杆逐一施焊牢固。

4　较长的金属扶手（特别是室外扶手）安装后，其接头应考虑安装能适应温度变化而伸缩的可动式接口，可动式接头的伸缩量，如设计无要求时，一般考虑 20mm。室外扶手还应在可伸缩处考虑设置漏水孔。扶手要根部与混凝土、砖墙面的连接，一般也应采用可伸缩的固定方法，以免因伸缩使扶手的弯曲变形。扶手与墙面连接根部应安装装饰罩盖。

4.6.4　塑料栏板、扶手

1　根据设计文件要求和现场实际情况，采用螺栓连接、焊接、水钻开孔等方法预留安装位置。

2　楼梯扶手接缝应符合设计要求。常见接缝有胶结和焊接两种方法。

3　对缝焊接楼梯扶手采用喷灯加热时，用手持焊条，压力应均匀合理，喷灯火焰要在适当距离顺扶手往复移动，火焰不得集中一点可靠近扶手，以免烧焦或发生起鳞现象。

4　焊接塑料扶手时，焊条施工方向应与母材材料的焊缝成 80°～100°角。

5　安装聚氯乙烯塑料扶手时，先将材料加热到 65℃～80℃，使材料变软，便于贴覆在支撑上，但应注意避免将其拉长。

支撑最小弯曲半径宜为 76mm，较小半径的扶手安装，可趁热用绷带固定，防止冷却时变形扭曲。

安装螺旋扶手时，可使用热吹风加热，由两人共同操作。

当转角处需做接头时，可用热金属板将扶手的段面加热，然后对焊。

扶手末端可以用短料切成所需形状，然后用上述方法焊接，并应留有一定的距离以便伸缩。

6　在有太阳直射的地方，应在塑料扶手下面焊接一些连接块，用它将扶手底部的两个边缘连接在一起，防止扶手变形和将弯曲处撑开。

7　整修抛光。扶手安装完毕后，待焊接冷却后，必须用锉刀和砂纸磨光，但注意不要使材料发热。然后用干净布蘸些干溶剂轻轻擦洗，再用无色蜡将其抛光。

5　质量标准

5.1　主控项目

5.1.1　护栏和扶手制作与安装所使用材料的材质、规格、数量和木材、塑料的燃烧性能等级应符合设计要求。

检验方法：观察；检查产品合格证书、进场验收记录和性能检验报告。

5.1.2　护栏和扶手的造型、尺寸及安装位置应符合设计要求。

检验方法：观察；尺量检查；检查进场验收记录。

5.1.3　护栏和扶手安装预埋件的数量、规格、位置以及护栏与预埋件的连接节点应符合设计要求。

检验方法：检查隐蔽工程验收记录和施工记录。

5.1.4　护栏高度、栏杆间距、安装位置应符合设计要求。护栏安装应牢固。

检验方法：观察；尺量检查；手扳检查。

5.1.5　栏板玻璃使用应符合设计要求和现行行业标准《建筑玻璃应用技术规程》JGJ 113 的规定。

检验方法：观察；尺量检查；检查产品合格证书和进场验收记录。

5.2　一般项目

5.2.1　护栏和扶手转角弧度应符合设计要求，接缝应严密，表面应光滑，色泽应一致，不得有裂缝、翘曲及损坏。

检验方法：观察；手摸检查。

5.2.2　护栏和扶手安装的允许偏差和检验方法应符合表 32-1 的规定。

护栏和扶手安装的允许偏差和检验方法　　　　　　　表 32-1

项次	项目	允许偏差（mm）	检验方法
1	护栏垂直度	3	用 1m 垂直检测尺检查
2	栏杆间距	0，−6	用钢直尺检查
3	扶手直线度	4	拉通线、用钢直尺检查
4	扶手高度	+6，0	用钢尺检查

6　成品保护

6.0.1　安装护栏与扶手时，应保护楼梯栏杆、楼梯踏步和操作范围内已施工完的工程。

6.0.2　木扶手安装完毕后，宜刷一遍底漆，且应加包裹，以免撞击损坏和受潮变色。

6.0.3　塑料扶手安装后，应及时包裹保护，并注意防火。

7　注意事项

7.1　应注意的质量问题

7.1.1　扶手料进场后，应存放在库内保持通风干燥，严禁在受潮情况下安装。

7.1.2 扶手底部开槽深度应一致，栏杆扁铁或固定件应平整，安装前扁铁应刷两道防锈油漆。

7.1.3 选料时应认真挑选，确保颜色一致。

7.1.4 木扶手固定时，钻孔方向应与扁铁或固定件垂直。

7.1.5 楼梯扶手高度必须符合强条要求的高度。

7.2 应注意的安全问题

7.2.1 操作人员使用电钻时应戴绝缘手套，不用时应及时切断电源。

7.2.2 操作地点的碎木、刨花等杂物，工作完毕后应清理干净，指定安全地点堆放。

7.3 应注意的绿色施工问题

7.3.1 废弃物按指定位置分类储存，集中处置。

7.3.2 施工后的废料应及时清理，做到工完料净场地清，坚持文明施工。

7.3.3 选择材料时，必须选择符合设计和国家环境规定的材料。

8 质量记录

8.0.1 材料的产品合格证书、性能检测报告和进场验收记录。

8.0.2 隐蔽工程检查验收记录。

8.0.3 施工记录。

8.0.4 栏杆和扶手制作与安装工程检验批质量验收记录。

8.0.5 栏杆和扶手制作与安装分项工程质量验收记录。

8.0.6 其他技术文件。

第33章 挂镜线、贴脸板、压缝条安装

本工艺标准适用于工业与民用建筑挂镜线、贴脸板、压缝条安装的施工。

1 引用标准

《建筑装饰装修工程质量验收标准》GB 50210—2018；
《住宅装饰装修工程施工规范》GB 50327—2001；
《住宅室内装饰装修工程质量验收规范》JGJ/T 304—2013；
《民用建筑工程室内环境污染控制规范》GB 50325—2010（2013 年局部修订）；
《室内装饰装修材料 人造板及其制品中甲醛释放限量》GB 18580—2017；
《室内装饰装修材料 胶粘剂中有害物质限量》GB 18583—2008；
《室内装饰装修材料 溶剂型木器涂料中有害物质限量》GB 18581—2009。

2 术语

2.0.1 挂镜线、贴脸板、压缝条：在装饰装修细部最终面层所安装的构件。

3 施工准备

3.1 作业条件

3.1.1 在结构施工时应预埋挂镜线的固定件（木砖或预埋件）。抹灰之前应在木砖面上钉以防腐小木方，厚度为 20mm，并在小木方上钉一小圆钉，露出灰面层，以便安装挂镜线时找固定点位置。

3.1.2 安装挂镜线、贴脸板、压缝条前，应做完顶棚、墙面、地面装饰工程。

3.1.3 安装前，应检查上一道工序的质量，是否满足安装挂镜线、贴脸板、压缝条的要求。

3.2 材料及机具

3.2.1 木材的树种、材质等级应符合设计要求，含水率不大于 12%。门窗贴脸板、压缝条应采用与门窗框相同树种的木材。

3.2.2 木制挂镜线、贴脸板、压缝条：使用的木材不得有裂纹、扭曲、死

节等缺陷，加工与安装时遇有死节缺陷，应挖补粘制牢固、修饰美观。

3.2.3 金属挂镜线、贴脸板、压缝条制品：材质种类、规格、形状应符合设计要求。

3.2.4 安装固定材料：按设计构造要求、材质性能选用，一般可选用圆钉、螺丝、胶粘剂、胀杆螺栓等。

3.2.5 机具：电焊机、手电钻、大木刨子、小木刨子、槽刨、小锯、手锤、平铲、割角尺、螺丝刀、墨斗、钢锉、木锉等。

4 操作工艺

4.1 工艺流程

检查安装部位 → 定位与画线 → 配料与预装 → 墙面防潮 → 安装固定

4.2 检查安装部位

4.2.1 检查应具备的条件：挂镜线固定点是否有标志；贴脸板和压缝条相接部位的抹灰和其他接缝与门窗框的平直度，是否满足安装的要求。

4.2.2 检查制品：检查木制品的树种、材质等级、规格、加工质量和特备零件均应符合设计要求；金属或其他制品的，产品质量和特备零件等应符合设计要求。

4.3 定位与画线

4.3.1 挂镜线定位时，应考虑门窗高度、电器槽盒位置、窗帘盒位置与挂镜线交圈和高低的效果。

4.3.2 贴脸板和压缝条定位时，应根据设计压框宽度，使压余量尺寸一致。

4.3.3 金属和其他材质的制品，均应与最凸出的压面尺寸一致。

4.4 配料与预装

4.4.1 挂镜线、贴脸板、压缝条安装需先配料，在安装部位首先量尺寸，处理接头或转角位置；设计无特殊要求，接头应成 45°角，转角位置应按设计转角大小刨成坡角相接。

4.4.2 量尺下料后，组割配件，并在安装部位进行预装。

4.5 安装固定

4.5.1 挂镜线的安装固定方式应按设计要求，但必须牢固、平顺。一般固定方法有钉固、胀杆螺丝固定等。在特殊饰面的墙、柱上安装挂镜线，应待面层施工完后进行。

4.5.2 贴脸板或压缝条应紧密钉固在门窗框上，钉帽应砸扁冲入，钉的间距视贴脸板和压缝条的树种、材质、断面尺寸而定，一般宜为 400mm。

5 质量标准

5.1 主控项目

5.1.1 挂镜线、贴脸板、压缝条制品的选材、品种、规格、形状、颜色、线条应符合设计要求。

检验方法：观察；检查产品合格证、进场验收记录。

5.1.2 挂镜线安装标高应一致，线条平直；压缝条安装应顺直。

检查方法：观察；尺量检查。

5.1.3 挂镜线、贴脸板、压缝条安装的割角、接头不得有错槎，观感清晰，固定牢靠。

检查方法：观察；手摸检查；手扳检查。

5.2 一般项目

5.2.1 安装位置正确，接缝严密，割角整齐、交圈，与墙面紧贴，颜色一致。

检查方法：观察。

5.2.2 尺寸正确，表面平直光滑，线条通顺、清秀，不露钉帽。

检查方法：观察；尺量检查。

5.2.3 挂镜线、贴脸板、压缝条安装允许偏差按表 33-1 规定。

挂镜线、贴脸板、压缝条安装允许偏差 表 33-1

项目		允许偏差（mm）	检查方法
挂镜线	上口平直	3	用钢卷尺检查
	交圈标高差	3	用钢卷尺检查
贴脸板、压缝条	距门窗框裁口差	2	用钢直尺检查

6 成品保护

6.0.1 装时不得损坏装修面层，不得用锤击墙面和重击门窗框，保持装修面的洁净。

6.0.2 安装操作中，注意保护已施工完毕的墙面、地面、顶棚、窗台等不受损坏。

7 注意事项

7.1 应注意的质量问题

7.1.1 安装操作时应加强预装，有缺陷应在预装时修正，无误后再正式安装固定。

7.1.2　在配料时，同一部位相接处应选择规格、色调一致的加工品，操作中应将接槎对准后方可固定。

7.1.3　应用砸扁钉帽的钉子钉固，并用尖冲子锤送入板面 1mm，避免钉帽露出制品表面。

7.2　应注意的安全问题

7.2.1　电锯、电刨应有防护罩，并设专人负责，使用操作人员应遵守有关机电设备安全规程。

7.2.2　操作地点的刨花、碎木料应及时清理，并不得在操作地点吸烟及用火。

7.3　应注意的绿色施工问题

7.3.1　废弃物按指定位置分类储存，集中处置。

7.3.2　施工后的废料应及时清理，做到工完料净场地清，坚持文明施工。

7.3.3　选择材料时，必须选择符合设计和国家环境规定的材料。

8　质量记录

8.0.1　材料的产品合格证书、性能检测报告和进场验收记录。

8.0.2　隐蔽工程检查验收记录。

8.0.3　施工记录。

8.0.4　挂镜线、贴脸板、压缝条安装分项工程质量验收记录。

8.0.5　其他技术文件。

第34章 木门窗套、木墙板安装

本工艺标准适用于工业与民用建筑木门窗套、木墙板安装的施工。

1 引用标准

《建筑装饰装修工程质量验收标准》GB 50210—2018；
《住宅装饰装修工程施工规范》GB 50327—2001；
《住宅室内装饰装修工程质量验收规范》JGJ/T 304—2013；
《民用建筑工程室内环境污染控制规范》GB 50325—2010（2013 年局部修订）；
《室内装饰装修材料 人造板及其制品中甲醛释放限量》GB 18580—2017；
《室内装饰装修材料 胶粘剂中害物质限量》GB 18583—2008；
《室内装饰装修材料 溶剂型木器涂料中有害物质限量》GB 18581—2009。

2 术语

2.0.1 木门窗套、木墙板：采用成品木制材料或者采用木制材料进行现场加工，喷涂油漆等进行装饰的门窗套及墙面饰面板。

3 施工准备

3.1 作业条件

3.1.1 安装门窗套、木护墙前，结构面或基层面及洞口过梁处，应预埋好木砖或铁件。

3.1.2 门窗套、木护墙的骨架安装，应在安好门窗口、窗台板后进行，钉装面板应在室内抹灰及地面做完后进行。

3.1.3 木材的干燥应满足规定的含水率，护墙龙骨应在需铺贴面刨后三面刷防腐剂。

3.1.4 施工机具设备应在使用前安装好，接好电源，并进行试运转。

3.1.5 工程量大且较复杂时，施工前应绘制大样图，并应做样板，经检验合格后，才能大面积进行作业。

3.2 材料及机具

3.2.1 木材的树种、材质等级、规格应符合设计要求和《木结构工程施工质量验收规范》GB 50206 的规定。

3.2.2　骨架料：一般用红白松烘干料，含水率不大于 12％，厚度应根据设计要求，不得有腐朽、超断面 1/3 的节疤、劈裂、扭曲等疵病，并预先经防腐处理。

3.2.3　面板：一般采用胶合板（切片板或旋片板），厚度不小于 3mm，颜色、花纹应尽量相似。用原木板材作面板时，含水率不大于 12％，板材厚度不小于 15mm；拼缝的板面、板材厚度不少于 20mm，且纹理顺直，颜色均匀，花纹近似，不得有节疤、裂缝、扭曲、变色等疵病。

3.2.4　其他材料：防潮纸或油毡，也可用乳胶、氟化钠（纯度应在 75％以上，不含游离氟化氢）和石油沥青等防潮涂料；钉子（长度规格应是面板厚度的 2～2.5 倍）或射钉。

3.2.5　机具：小台锯、小台刨、手电钻、射枪、木刨子（大、中、小）、槽刨、木锯、细齿、刀锯、斧子、手锤、平铲、冲子、螺丝刀、方尺、割角尺、小钢尺、线坠、粉线包等。

4　操作工艺

4.1　工艺流程

找位与弹线 → 核查预留洞口及预埋件 → 铺涂防潮层 → 龙骨制配与安装 →

钉装衬板 → 钉装面板

4.2　找位与弹线

门窗套、木护墙安装前，应根据设计图要求，先找好标高、平面位置、竖向尺寸、再弹线。

4.3　核查预留洞口及预埋件

弹线后，检查预埋件、木砖排列间距、尺寸位置是否满足钉装龙骨的要求，量测门窗及其他洞口位置、尺寸是否方正垂直，且与设计要求是否相符。

4.4　铺、涂防潮层

设计有防潮要求的门窗套、木护墙，在钉装龙骨时应压铺防潮卷材或在钉装龙骨前进行涂刷防潮涂料。

4.5　龙骨制配与安装

4.5.1　龙骨木护墙：

1　局部木护墙龙骨：根据房间大小和高度，可预制龙骨架，整体或分块安装。

2　全高木护墙龙骨：首先量好房间尺寸，根据房间四周和上下龙骨的位置，将四框龙骨找位，钉装平、直，然后按龙骨间距要求，钉装横竖龙骨。

木护墙龙骨间距，当设计无要求时，一般横龙骨间距为 400mm，竖龙骨间距为 500mm。如面板厚度在 15mm 以上时，横龙骨间距可放大到 450mm。

　　木龙骨安装必须找方、找直，骨架与木砖间的空隙应垫以木垫，每块木垫至少用两个钉子钉牢，在装钉龙骨时应预留出板面厚度。

　　4.5.2　木门窗套龙骨：根据洞口实际尺寸，按设计规定骨料断面规格，可将一侧门窗套骨架分三片预制，洞顶一片、两侧各一片。每片一般为两根立杆，当门窗套宽度大于 500mm 时，中间应适当增加立杆。横向龙骨间距不大于 400mm；面板宽度为 500mm 时，横向龙骨间距不大于 300mm。龙骨应与固定件钉装牢固，表面应刨平，安装后应平、正、直。

4.6　钉装衬板

　　一般高级装修，衬板应用木芯板或九厘板，钉在木龙骨上，衬板应先内后外，要求表面平整，接缝平直，尺寸规矩，钉装牢固。

4.7　钉装面板

　　4.7.1　面板选色配纹：全部进场的面板材，使用前按同房间、临近部位的用量进行挑选，使安装后从观感上木纹、颜色近似一致。

　　4.7.2　裁板配制：按龙骨排尺，在板上画线裁板，原木材板面应刨净；胶合板、贴面板的板面严禁刨光，小面皆须刮直，木纹根部向下。面板长向对接配制时，应考虑接头位于横龙骨处。

　　原木材的面板背面应做卸力槽，一般卸力槽间距为 100mm，槽宽 10mm，槽深 4～6mm，以防板面扭曲变形。

　　4.7.3　面板安装时应符合以下要求：

　　1　面板安装前，应对衬板位置或龙骨架位置、平直度、钉设牢固情况、防潮层等构造要求进行检查，合格后进行安装。

　　2　面板配好后应进行试装，面板尺寸、接缝、接头处构造完全合适，木纹方向、颜色的观感尚可的情况下，才能正式进行安装。

　　3　面板接头处安装时，应涂胶与龙骨粘牢；钉固面板的钉子规格应适宜，钉子长度约为面板厚度的 2～2.5 倍，钉距一般为 100mm，钉帽应砸扁，并用较尖的冲子将帽顺木纹方向冲入面板表面下 1～2mm，也可用射钉。对于有衬板的面板安装，应选择粘贴为宜，局部接头用钉子加固。

5　质量标准

5.1　主控项目

　　5.1.1　门窗套制作与安装所使用材料的材质、规格、花纹、颜色、性能、有害物质限量及木材的燃烧性能等级和含水率应符合设计要求及国家现行标准的有关规定。

检验方法：观察；检查产品合格证书、进场验收记录、性能检验报告和复验报告。

5.1.2 门窗套的造型、尺寸和固定方法应符合设计要求，安装应牢固。

检验方法：观察；尺量检查；手扳检查。

5.1.3 木板的品种、规格、颜色和性能应符合设计要求及国家现行标准的有关规定。木龙骨、木饰面板的燃烧性能等级应符合设计要求。

检验方法：观察；检查产品合格证书、进场验收记录、性能检验报告和复验报告。

5.1.4 木板安装工程的龙骨、连接件的材质、数量、规格、位置、连接方法和防腐处理应符合设计要求。木板安装应牢固。

检验方法：手扳检查；检查进场验收记录、隐蔽工程验收记录和施工记录。

5.2 一般项目

5.2.1 门窗套表面应平整、洁净、线条顺直、接缝严密、色泽一致，不得有裂缝、翘曲及损坏。

检验方法：观察。

5.2.2 门窗套安装的允许偏差和检验方法应符合表 34-1 的规定。

门窗套安装的允许偏差和检验方法 表 34-1

项次	项目	允许偏差（mm）	检验方法
1	正、侧面垂直度	3	用 1m 垂直检测尺检查
2	门窗套上口水平度	1	用 1m 水平检测尺和塞尺检查
3	门窗套上口直线度	3	拉 5m 线，不足 5m 拉通线，用钢直尺检查

5.2.3 木板表面应平整、洁净、色泽一致，应无缺损。

检验方法：观察。

5.2.4 木板接缝应平直，宽度应符合设计要求。

检验方法：观察；尺量检查。

5.2.5 木板上的孔洞应套割吻合，边缘应整齐。

检验方法：观察。

5.2.6 木板安装的允许偏差和检验方法应符合表 34-2 的规定。

木板安装的允许偏差和检验方法 表 34-2

项次	项目	允许偏差（mm）	检验方法
1	立面垂直度	2	用 2m 垂直检测尺检查
2	表面平整度	1	用 2m 靠尺和塞尺检查

项次	项目	允许偏差（mm）	检验方法
3	阴阳角方正	2	用200mm直角检测尺检查
4	接缝直线度	2	拉5m线，不足5m拉通线，用钢直尺检查
5	墙裙、勒脚	2	拉5m线，不足5m拉通线，用钢直尺检查
6	接缝高低差	1	用钢直尺和塞尺检查
7	接缝宽度	1	用钢直尺检查

6 成品保护

6.0.1 细木制品进场后，应储存在室内仓库或料棚中，保持干燥、通风，并按制品的种类、规格水平堆放，底层应搁置垫木，在仓库中垫木离地高度应不小于200mm，在临时料棚中离地面高度不小于400mm，使其能自然通风并加盖防雨、防晒设施。

6.0.2 配料应在操作台上进行，不得直接在没有保护措施的地面上操作。

6.0.3 操作时窗台板上应铺垫保护层，不得直接站在窗台板上操作。

6.0.4 木护墙板、门窗套、贴脸板安装后，应及时刷一道清漆，以防干裂或污染。

6.0.5 为保护细木成品，防止碰坏或污染，尤其出入口处应加保护措施，如装设保护条、护脚板、塑料贴膜，并设专人看管等。

7 注意事项

7.1 应注意的质量问题

7.1.1 材料半成品进场应做好选料、验收等工作，分类挑选，匹配使用。

7.1.2 门窗框安装出现较大的偏差，应在找线时提前纠正。

7.1.3 木龙骨安装必须找方、找直，骨架与木砖间隙应用木垫垫平，并用钉子钉牢。

7.1.4 原木材的面板应做卸力槽，槽宽为10mm，槽深为4~6mm，间距为100mm。

7.1.5 在操作中应用角尺划割角，保证角度、长度准确。

7.2 应注意的安全问题

7.2.1 安装时工具应放在工具袋内。

7.2.2 机电设备应先试运转，正常后方可使用。

7.2.3 电锯、电刨应有防护罩，并设专人负责，操作人员应遵守有关机电设备安全规程。

7.2.4 操作地点的刨花、碎木料应及时清理，并不得在操作地点吸烟及用火。

7.3　应注意的绿色施工问题

7.3.1 废弃物按指定位置分类储存，集中处置。

7.3.2 施工后的废料应及时清理，做到工完料净场地清，坚持文明施工。

7.3.3 选择材料时，必须选择符合设计和国家环境规定的材料。

8　质量记录

8.0.1 材料的产品合格证书、性能检测报告和进场验收记录。

8.0.2 隐蔽工程检查验收记录。

8.0.3 施工记录。

8.0.4 门窗套、木护墙板制作与安装工程检验批质量验收记录。

8.0.5 门窗套、木护墙板制作与安装分项工程质量验收记录。

8.0.6 其他技术文件。

第 35 章 窗台板、散热器罩安装

本工艺标准适用于工业与民用建筑窗台板、散热器罩安装的施工。

1 引用标准

《建筑装饰装修工程质量验收标准》GB 50210—2018；
《住宅装饰装修工程施工规范》GB 50327—2001；
《住宅室内装饰装修工程质量验收规范》JGJ/T 304—2013；
《民用建筑工程室内环境污染控制规范》GB 50325—2010（2013 年局部修订）；
《室内装饰装修材料 人造板及其制品中甲醛释放限量》GB 18580—2017；
《室内装饰装修材料 胶粘剂中害物质限量》GB 18583—2008；
《室内装饰装修材料 溶剂型木器涂料中有害物质限量》GB 18581—2009。

2 术语

2.0.1 窗台板：采用天然石材、人造石材、水磨石及木饰面板等材料，为装饰窗台制作而成的板子。

2.0.2 散热器罩：在暖气片外侧或者地暖分水器外侧采用木龙骨做基层，金属或者木制材料做饰面形成的外壳，用来遮挡散热器或者分水器，美化室内环境。

3 施工准备

3.1 作业条件

3.1.1 窗台板的窗下墙，在结构施工时应根据选用窗台板的品种，预埋木砖或铁件。

3.1.2 窗台板长度超过 1500mm 时，除靠窗口两端下埋入木砖或铁件外，中间应按每 500mm 间距增埋木砖或铁件，跨空窗台板应按设计要求设固定支架。

3.1.3 安装窗台板、散热器罩应在窗框安装后进行。窗台板与散热器罩连体时，应在墙、地面装修层完成后进行。

3.2 材料及机具

3.2.1 窗台板通常有木制窗台板、水泥或水磨石窗台板、天然石料磨光窗台板和金属窗台板。散热器罩多为木制或者金属材料，制作构造按设计要求。

3.2.2　窗台板、散热器罩制作材料的品种、材质、颜色应按设计选用，木制品应经烘干，含水率控制在 12％ 以内，并做好防腐处理，不允许有扭曲变形。

3.2.3　安装固定材料：窗台板一般直接装在窗框下墙台顶面，用砂浆或细石混凝土稳固。散热器罩一般用角钢或扁钢做托架或挂架，也可用固定在木龙骨上。

3.2.4　机具：电焊机、电动锯石机、手电钻、大刨子、小刨子、小锯、手锤、割角尺、橡皮锤、靠尺板、20 号铅丝和小线、铁水平尺、盒尺、螺丝刀。

4　操作工艺

4.1　工艺流程

找位与画线 → 检查预埋件 → 支架安装 → 窗台板安装 → 散热器罩安装

4.2　找位与画线

根据设计要求的窗下框标高、位置，对窗台板的标高位置进行画线，同时核对散热器罩的高度，并弹出散热器罩的位置线。为使同一房间或连通窗台板的标高和纵、横位置一致，安装时应统一抄平。

4.3　检查预埋件

找位与画线后，检查窗台板、散热器罩安装位置的预埋件，是否符合设计与安装的连接构造要求，如有误差应进行修正。

4.4　支架安装

构造上需要设窗台板支架时，安装前应核对固定支架的预埋件，确认标高、位置无误后，根据设计构造进行支架安装。

4.5　窗台板安装

4.5.1　木窗台板安装：在窗下墙顶面木砖处，横向钉梯形断面木条（窗宽大于 1m 时，中间应以间距 500mm 左右加钉横向梯形木条），用以找平窗台板底线。窗台板宽度大于 150mm 的，拼合板面底部横向应穿暗带，安装时应插入窗框下冒头的裁口，两端伸入窗口墙的尺寸应一致且保持水平，找正后用砸扁钉帽的钉子钉牢，钉帽冲入木窗台板面 2mm。

4.5.2　预制水泥窗台板、预制水磨石窗台板，石料窗台板安装：按设计要求找好位置，进行预装，标高、位置、出墙尺寸符合要求，接缝平顺严密，固定件无误后，按其构造的固定方式正式固定安装。

4.5.3　金属窗台板安装：按设计构造要求，核对标高、位置固定件后，先进行预装，经检查无误，再正式安装固定。

4.6　散热器罩安装

在窗台板底面或地面上画好位置线，进行定位安装。分块板式散热器罩接缝应平、顺、直、齐，上下边棱高度、平度应一致，上边棱应位于窗台板底外棱内。

5　质量标准

5.1　主控项目

5.1.1　窗台板和散热器罩所使用材料的材质、规格、性能、有害物质限量及木材的燃烧性能等级和含水率应符合设计要求及国家现行标准的有关规定。

检验方法：观察；检查产品合格证书、进场验收记录、性能检验报告和复验报告。

5.1.2　窗台板和散热器罩的造型、规格、尺寸、安装位置和固定方法应符合设计要求。窗台板和散热器罩的安装应牢固。

检验方法：观察；尺量检查；手扳检查。

5.2　一般项目

5.2.1　窗台板、散热器罩表面应平整、洁净，线条顺直，接缝严密，色泽一致，不得有裂缝、翘曲及损坏。

检验方法：观察。

5.2.2　窗台板、散热器罩与墙、窗框的衔接应严密，密封胶缝应顺直、光滑。

检验方法：观察。

5.2.3　窗台板和散热器罩安装的允许偏差和检验方法应符合表35-1的规定。

窗台板、散热器罩安装的允许偏差和检验方法　　　　　　　　　　表35-1

项次	项目	允许偏差（mm）	检验方法
1	水平度	2	用1m水平尺和塞尺检查
2	上口、下口直线度	3	拉5m线，不足5m拉通线，用钢直尺检查
3	两端距窗洞口长度差	2	用钢直尺检查
4	两端出墙厚度差	3	用钢直尺检查

6　成品保护

6.0.1　安装窗台板和散热器罩时，应保护已完成的工程，不得因操作损坏地面、窗洞、墙角等成品。

6.0.2　窗台板、散热器罩进场应妥善保管，做到木制品不受潮，金属品不生锈，石料、块材制品不损坏棱角、不受污染．

6.0.3　安装好的成品应加保护，做到不损坏、不污染。

7　注意事项

7.1　应注意的质量问题

7.1.1　施工前应检查窗台板安装的条件，施工中应坚持预装，符合要求后进行固定。

7.1.2　窗台板安装前应认真做好，找平、垫实、捻严每道工序、固定牢靠，跨空窗台板支架应安装平整，使支架受力均匀，再安装固定，窗台板与窗框间的缝隙应用同色系硅酮耐候胶打注密实。

7.1.3　窗台板长、宽超偏差及厚度不一致，施工时应注意同规格窗台板在同一部位使用。

7.1.4　施工时应先将挂件位置找正，再进行散热器罩的安装固定，保证压边尺寸一致。

7.2　应注意的安全问题

7.2.1　电动机具应有防护罩，并设专人负责，使用操作人员应遵守有关机电设备安全规程。

7.2.2　操作地点的刨花、碎木料应及时清理，并不得在操作地点吸烟及用火。

7.3　应注意的绿色施工问题

7.3.1　废弃物按指定位置分类储存，集中处置。

7.3.2　施工后的废料应及时清理，做到工完料净场地清，坚持文明施工。

7.3.3　选择材料时，必须选择符合设计和国家环境规定的材料。

8　质量记录

8.0.1　材料的产品合格证书、性能检测报告和进场验收记录。

8.0.2　隐蔽工程检查验收记录。

8.0.3　施工记录。

8.0.4　窗台板、散热气罩安装工程检验批质量验收记录。

8.0.5　窗台板、散热气罩安装分项工程质量验收记录。

8.0.6　其他技术文件。

第 36 章　定制花饰安装

本工艺标准适用于工业与民用定制花饰安装的施工。

1　引用标准

《建筑装饰装修工程质量验收标准》GB 50210—2018；
《住宅装饰装修工程施工规范》GB 50327—2001；
《住宅室内装饰装修工程质量验收规范》JGJ/T 304—2013；
《室内装饰装修材料　人造板及其制品中甲醛释放限量》GB 18580—2017；
《室内装饰装修材料　胶粘剂中害物质限量》GB 18583—2008。

2　术语

2.0.1　定制花饰：在建筑装饰施工时，在室内外装饰面层或者分隔和联系空间所做的装饰性的花纹，形状各异，效果美观。

3　施工准备

3.1　作业条件

3.1.1　购买、外委托的花饰制品或自行加工的预制花饰，应检查验收，其材质、规格、图式应符合设计要求。水泥、石膏预制花饰制品的强度应达到设计要求，并满足硬度、刚度、耐水、抗酸的要求标准。

3.1.2　安装花饰的工程部位，其上道工序已施工完毕，且基体、基层的强度已达到安装的要求。

3.1.3　安装花饰有粘贴法、木螺丝固定法、螺栓固定法、焊接固定法等，在安装前应确定好固定方式；重型花饰的位置，应在结构施工时预埋锚固件，并做抗拉试验。

3.1.4　正式安装前，应在拼装平台做好安装样板。

3.2　材料及机具

3.2.1　花饰制品：有木制花饰、混凝土花饰、金属花饰、塑料花饰、石膏花饰、土烧制品花饰、石料浮雕花饰等，其品种、规格、式样应按设计选用。

3.2.2　安装附料：胶粘剂、螺栓和螺丝焊接材料等，按设计的花饰品种、安装的固定方式选用。

3.2.3　机具：电焊机、手电钻、预拼平台、专用夹具、吊具、安装脚手架、大小料桶、刮刀、刮板、油漆刷、水刷子、扳子、橡皮锤、擦布等。

4　操作工艺

4.1　工艺流程

基层处理 → 弹线、分格 → 确定花饰安装位置线 → 分块花饰预拼编号 → 花饰安装

4.2　基层处理

花饰安装前应将基体或基层清理、刷洗干净，处理平整，并检查基底是否符合安装花饰的要求。

4.3　确定花饰安装位置线

按设计位置弹好花饰位置中心线及分块的控制线，重型花饰应检查预埋件及木砖的位置和牢固情况是否符合设计要求。

4.4　分块花饰预拼编号

分块花饰在正式安装前，应对规格、色调进行检验和挑选，按设计图案在平台上组拼，经预验合格进行编号，为正式安装创造条件。

4.5　花饰安装

4.5.1　粘贴法安装：一般轻型花饰采用粘贴法安装。粘贴材料应按下列情况选用：

1　石膏花饰宜用石膏快干粉或水泥浆粘贴。

2　木制花饰和塑料花饰可用胶粘剂粘贴，也可用钉固的方法。

3　金属花饰宜用螺丝固定，根据构造可选用焊接固定。

4　预制混凝土花格或浮面花饰制品，应用1：2水泥砂浆砌筑，拼块的相互间用钢销子系固，并与结构连接牢固。

4.5.2　螺丝固定法安装：较重的大型花饰采用螺丝固定法安装，安装时将花饰预留孔对准结构预埋固定件，用铜或镀锌螺丝适量拧紧，花饰图案应精确吻合，固定后用1：1水泥砂浆将安装孔眼堵严，表面用同花饰颜色一样的材料修饰，不留痕迹。

4.5.3　螺栓固定法安装：重量大，体型大花饰采用螺栓固定法安装，安装时将花饰预留孔对准安装位置的预埋螺栓，按设计要求基层与花饰表面规定的缝隙尺寸，用螺母或垫块板固定，并加临时支撑，花饰图案应精确，对缝吻合。花饰与墙面间隙的两侧和底面用石膏临时堵住，待石膏凝固后，用1：2水泥砂浆

分层灌入花饰与墙面的缝隙中，由下而上每次灌 100mm 左右的高度，下层终凝后再灌上一层。灌缝砂浆达到强度后才能拆除支撑，清除周边临时堵缝石膏，周边用 1∶1 水泥砂浆修补整齐。

4.5.4　焊接固定法安装：大重型金属花饰采用焊接固定法安装，根据设计构造，采用临时固挂的方法后，按设计要求先找正位置，焊接点应受力均匀，焊接质量应符合设计规定及有关规范的规定。

5　质量标准

5.1　主控项目

5.1.1　花饰制作与安装所使用材料的材质、规格、性能、有害物质限量及木材的燃烧性能等级和含水率应符合设计要求及国家现行标准的有关规定。

检验方法：观察；检查产品合格证书、进场验收记录、性能检测报告和复验报告。

5.1.2　花饰的造型、尺寸应符合设计要求。

检验方法：观察；尺量检查。

5.1.3　花饰的安装位置和固定方法应符合设计要求，安装应牢固。

检验方法：观察；尺量检查；手扳检查。

5.2　一般项目

5.2.1　花饰表面应洁净，接缝应严密吻合，不得有歪斜、裂缝、翘曲及损坏。

检验方法：观察。

5.2.2　花饰安装的允许偏差和检验方法应符合表 36-1 规定。

花饰安装的允许偏差和检验方法　　　　　　　　表 36-1

项次	项目		允许偏差（mm）		检验方法
			室内	室外	
1	条型花饰的水平度或垂直度	每米	1	2	拉线和用 1m 垂直检测尺检查
		全长	3	6	
2	单独花饰中心位置偏移		10	15	拉线和用钢直尺检查

6　成品保护

6.0.1　花饰安装后，较低处应用板材封固，以防碰损。

6.0.2　花饰安装后，应用覆盖物封闭，以保持洁净和色调。

6.0.3　拆架子或搬运材料、设备及施工机具时，不得碰撞花饰，注意保护完整。

7　注意事项

7.1　应注意的质量问题

7.1.1　花饰安装前，应对所有待安装花饰进行检查，对照设计图案进行预拼、编号；对花饰局部位置有崩烂的应视具体情况进行修补完整，个别损坏较多、变形较大或图案不符要求的不得使用。

7.1.2　花饰安装应选择适当的固定方法及粘贴材料，注意粘贴剂的品种、性能，防止粘不牢，造成开粘脱落。对于用砌筑法安装的花饰，施工时应在拼砌的花格饰件四周及饰件相互之间，用锚固件、销子系固。

7.1.3　花饰安装前，应认真按设计图案弹出安装控制线，各饰件安装的位置应准确吻合，各饰件之间拼缝应细致填抹，填抹拼缝后应及时清理缝外多余灰浆。

7.1.4　螺丝和螺栓固定花饰不得硬拧，应使各固定点平均受力，防止花饰扭曲变形和开裂。

7.1.5　花饰安装后应加强保护措施，保持花饰完好洁净。

7.2　应注意的安全问题

7.2.1　操作前检查脚手架和跳板是否搭设牢固，高度是否满足操作要求，合格后才能上架操作，凡不符合安全要求的应及时修整。

7.2.2　移动式电动机械和手持电动工具的单相电源线必须使用三芯软橡胶电缆，三相电源线必须使用四芯软橡胶电缆；接线时，缆线护套应穿进设备的接线盒内并予以固定。

7.2.3　作业场所不得存放易燃物品，作业场所应配备齐全可靠的消防器材。

7.2.4　从事电、气焊或气割作业前，应清理作业周围的可燃物体或采取可靠的隔离措施。对需要办理动火证的场所，在取得相应手续后方可动工，并设专人进行监护。

7.2.5　安装大、重型花饰时，各操作人员应相互配合、协调一致。

7.3　应注意的绿色施工问题

7.3.1　废弃物按指定位置分类储存，集中处置。

7.3.2　施工后的废料应及时清理，做到工完料净场地清，坚持文明施工。

7.3.3　选择材料时，必须选择符合设计和国家环境规定的材料。

8　质量记录

8.0.1　材料产品合格证书和进场验收记录。

8.0.2　施工记录。

8.0.3　花饰制作与安装工程检验批质量验收记录。

8.0.4　装饰制作与安装分项工程质量验收记录。

8.0.5　其他技术文件。

第37章 橱柜制作安装

本工艺标准适用于工业与民用建筑橱柜制作安装的施工。

1 引用标准

《住宅装饰装修工程施工规范》GB 50327—2001；
《建筑装饰装修工程质量验收标准》GB 50210—2018；
《住宅室内装饰装修工程质量验收规范》JGJ/T 304—2013；
《民用建筑工程室内环境污染控制规范》GB 50325—2010（2013年局部修订）；
《室内装饰装修材料 人造板及其制品中甲醛释放限量》GB 18580—2017；
《室内装饰装修材料 胶粘剂中害物质限量》GB 18583—2008；
《室内装饰装修材料 溶剂型木器涂料中有害物质限量》GB 18581—2009。

2 术语

2.0.1 橱柜：厨房中存放厨具以及做饭操作的平台。

3 施工准备

3.1 作业条件
3.1.1 地面工程施工完毕。
3.1.2 墙面抹灰施工完毕并在干燥平整的条件下进行。
3.1.3 外门窗工程施工完毕。

3.2 材料和机具
3.2.1 橱柜制作所用材料应按设计要求进行防火、防腐和防虫处理。
3.2.2 木方材：选材质较松、材色和纹理不甚显著，不劈裂、不易变形的树种，主要为红松材、白松材等，木材含水率宜不大于12%。
3.2.3 细木工板：主要规格是1200mm×2440mm，厚度为15mm、18mm、20mm、22mm等。
胶合夹板：分普通板和饰面板，常用的有三夹板、九夹板、十二夹板等。其外观质量、规格尺寸、胶合强度、含水率、游离甲醛含量及释放量应符合规定。
3.2.4 胶粘剂：粘结强度、游离甲醛含量、TVOC、苯含量应符合规定。

3.2.5　五金配件：选择、正规厂家有质量保证的产品，具有产品合格证。

3.2.6　机具：手动工具：刨、锯、斧、锉、锤、凿、冲、螺丝刀、直尺、角尺等。电动工具：电钻、电刨、电锯、空压机、电锤及配套用具等。

4　操作工艺

4.1　工艺流程

选料与配料 → 刨料 → 画线 → 凿眼开榫 → 安装 → 收面与饰面

4.2　选料与配料

4.2.1　选料应根据橱柜施工图纸进行。要根据橱柜图纸的规格、结构、式样列出所需木主料和人造板的数量和种类。

4.2.2　配料应根据橱柜结构与木料的使用方法进行安排。配料时，应先配长料、宽料，后配短料；先配大料后配小料；先配主料后配辅料；先配大面积板材，后配小面积板材；防止长材短用，优材劣用等浪费现象。

4.3　刨料

刨削木方料时，应先识别木纹。一般应按木纹方向进行刨削。刨削时先刨大面再刨小面，两个相邻的面刨成 90°。

4.4　画线

画线应认真查看图纸，掌握橱柜结构、规格、数量等技术要求。画线的基本步骤：

4.4.1　首先应检查加工工工件的规格、数量，并根据各工件的颜色、纹理、节疤等因素确定其内外面，做好表面记号。

4.4.2　在需对接的端头留出加工工余量，用直角尺及木工铅笔画一条基准线。

4.4.3　根据基准线，用量度尺画出所需的总长尺寸线或榫肩线，再以总长线或榫肩线为基准线，完成其他所需的榫眼线。

4.4.4　所画线条必须准确、清楚。画线之后，应将位置相同的两根木料或木块颠倒并列进行校对，检查画线和空格是否准确相符，如有差别，即说明其中有错，应及时查对校正。

4.5　凿眼开榫

用手工凿通榫眼，应采取"六凿一通"凿眼法。凿半榫眼时，在凿榫眼线内边 3～5mm 处下凿，凿至所需长度和深度后，再将榫眼侧臂垂直切齐，榫眼的长度比榫头短 1mm 左右。

4.6　安装

4.6.1　金属构件固定点间距宜为 300～500mm，橱柜与墙体连接方式：

1 混凝土墙体，应采用角钢、金属膨胀螺栓或射钉连接固定。

2 砖墙体应采用角钢、金属膨胀螺栓连接固定。

3 空心砌体墙体，应在相应位置增加混凝土块，通过金属构件连接。

4 轻质隔墙，应在隔墙架体中增设金属构件。

4.6.2 橱柜一般采用板式结构和板结框结构组合两种。组装之前，应将所有的结构件、用细刨刨光，然后按顺序逐件进行装配。装配时，应注意构件的部位和正反面。

4.6.3 组装部位需涂胶时，应均匀涂刷并及时将装配后挤出的胶液擦去。组装锤击时，应将构件的锤击部位垫上木板或木块，锤击不要过猛，若有拼合不严，应找出原因。

4.6.4 五金配件的安装位置要求准确，安装紧密严实、方正牢固，结合处不许崩茬、歪扭、松动，不得少件、漏钉、漏装。

4.7 收边与饰面

4.7.1 面板安装前，对龙骨位置、平直度、钉设牢固情况、防潮构造要求等进行检查，合格后进行安装。

4.7.2 面板配好后进行试装，面板尺寸、接缝、接头处构造完全合适，木纹方向颜色的观感合格后，方可进行正式安装。

4.7.3 面板接头处应涂胶与龙骨钉牢，钉固定面板的钉子规格应适宜，钉长约为面板厚度的2～2.5倍，钉距一般为100mm，钉帽应砸扁，并用尖冲子将钉帽木纹方向冲入面板下1～2mm。

4.7.4 实木压线收边：压线的花纹、颜色应与框料、面板相似，接头应成45°角，与面板结合应紧密、平整。压线的规格尺寸、宽容、厚度应一致，接槎应顺平。

5 质量标准

5.1 主控项目

5.1.1 橱柜制作与安装所用材料的材质、规格、性能、有害物质限量及木材的燃烧性能等级和含水率应符合设计要求及国家现行标准的有关规定。

检验方法：观察；检查产品合格证书、进场验收记录、性能检验报告和复验报告。

5.1.2 橱柜安装预埋件或后置埋件的数量、规格、位置应符合设计要求。

检验方法：检查隐蔽工程验收记录和施工记录。

5.1.3 橱柜的造型、尺寸、安装位置、制作和固定方法应符合设计要求。橱柜安装应牢固。

检验方法：观察；尺量检查；手扳检查。

5.1.4 橱柜配件的品种、规格应符合设计要求。配件应齐全，安装应牢固。

检验方法：观察；手扳检查；检查进场验收记录。

5.1.5 橱柜的抽屉和柜门应开关灵活、回位正确。

检验方法：观察；开启和关闭检查。

5.2 一般项目

5.2.1 橱柜表面应平整、洁净、色泽一致，不得有裂缝、翘曲及损坏。

检验方法：观察。

5.2.2 橱柜裁口应顺直、拼缝应严密。

检验方法：观察。

5.2.3 橱柜安装的允许偏差和检验方法应符合表 37-1 的规定。

橱柜安装的允许偏差和检验方法　　　　　　　　　　表 37-1

项次	项目	允许偏差（mm）	检验方法
1	外形尺寸	3	用钢尺检查
2	立面垂直度	2	用1m垂直检测尺检查
3	门与框架的平行度	2	用钢尺检查

6 成品保护

6.0.1 有其他工种作业时，要适当加以掩盖，防止对饰面板碰撞。

6.0.2 绝不能有水、油污等溅湿饰面板。

6.0.3 木制品进场及时刷底油一道，靠墙面应刷防腐剂处理，钢制品应刷防锈漆，入库存放。

6.0.4 安装壁柜、吊柜时，严禁碰撞抹灰及其他装饰面的口角，防止损坏成品面层。

6.0.5 安装好的壁柜隔板，不得拆动，保护产品完整。

7 注意事项

7.1 应注意的质量问题

7.1.1 对于木龙骨要双面错开开槽，槽深为一半龙骨深度（为了不破坏木龙骨的纤维组织）。

7.1.2 粘贴夹板时，白乳胶必须滚涂均匀，粘贴密实，粘好后即压，现场的粘贴平台及压置平台必须水平，重物适当，保持自然通风条件，避免日晒雨淋。有条件采用工厂的大型压机。

7.1.3　在油漆时，尽量做到两面同时、同量涂刷。

7.2　**应注意的安全问题**

7.2.1　材料应堆放整齐、平稳，并应注意防火。

7.2.2　电锯、电刨应有防护罩及"一机一闸一漏"保护装置，所用导线、插座等应符合用电安全要求，并设专人保护及使用。操作时必须遵守机电设备有关安全规程。电动工具应先试运转正常后方能使用。

7.2.3　操作前，应先检查斧、锤、凿子等易断头、断把的工具，经检查、修理后再使用。

7.2.4　机器操作人员必须经考试合格后持证上岗。

7.2.5　操作人员使用电钻、电刨时应戴橡胶手套，不用时应及时切断电源，并由专人保管。

7.2.6　小型工具五金配件及螺钉等应放在工具袋内。

7.2.7　使用电动工具打眼时不得面对面操作，如并排操作时，应错开 1.2m 以上，以防失手伤人。

7.2.8　操作地点的碎木、刨花等杂物，工作完毕后应及时清理，集中堆放。

7.3　**应注意的绿色施工问题**

7.3.1　高层或多层建筑清除施工垃圾必须采用容器吊运，不得从电梯井或楼层上向地面倾倒施工垃圾。

7.3.2　禁止烧刨花、木材边角料。

7.3.3　高噪声设备尽量在室内操作，应至少三面封闭。

7.3.4　设备操作人员应遵守操作规程，并了解操作机械对环境造成噪声影响。

7.3.5　各种与噪声有关的过程，作业人员必须按照交底做到轻拿轻放，分时间、分工段施工，减少排放时间和频次。

7.3.6　建筑垃圾分类存放、及时清理。

8　质量记录

8.0.1　材料的产品合格证书、性能检测报告和进场验收记录。

8.0.2　隐蔽工程检查验收记录。

8.0.3　施工记录。

8.0.4　橱柜制作与安装工程检验批质量验收记录。

8.0.5　橱柜制作与安装工程分项工程质量验收记录。

8.0.6　其他技术文件。